孩子最感兴趣的十万个为什么
（美绘版）

唐 译 ◎ 编著

揭秘自然界的
昆虫王国

Jiemi Ziranjie De
Kunchong Wangguo

企业管理出版社
ENTERPRISE MANAGEMENT PUBLISHING HOUSE

图书在版编目（CIP）数据

揭秘自然界的昆虫王国 / 唐译编著． -- 北京：企业管理出版社，2014.7
（十万个为什么）
ISBN 978-7-5164-0897-1

Ⅰ．①揭… Ⅱ．①唐… Ⅲ．①昆虫学－青少年读物 Ⅳ．①Q96-49

中国版本图书馆CIP数据核字(2014)第138695号

揭秘自然界的昆虫王国

唐 译◎编著

选题策划：	井　旭
责任编辑：	程静涵
书　　号：	ISBN 978-7-5164-0897-1
出版发行：	企业管理出版社
地　　址：	北京市海淀区紫竹院南路17号　邮编：100048
网　　址：	http://www.emph.cn
电　　话：	总编室（010）68701719　发行部（010）68414644 编辑室（010）68701074　　　　　（010）68701891
电子信箱：	emph003@sina.cn
印　　刷：	北京市通州富达印刷厂
经　　销：	新华书店
规　　格：	170毫米×240毫米　16开　11印张　120千字
版　　次：	2015年1月第1版　2015年1月第1次印刷
定　　价：	25.00元

版权所有　翻印必究·印装有误　负责调换

走进大自然，探秘昆虫王国

昆虫王国是如此丰富多彩，趣味无穷。一进入"三伏"苦夏，人们午时的美梦似乎被这枝头引吭高歌的蝉所惊扰。"知了、知了"地叫个不停，让人心烦意乱。对于大自然赋予的生命，不论短暂与否，小小的蝉为了生命的延续总是积极面对，好好地活着。那夏天高歌的蝉儿，引发人们对生命真正意义的思索。正如诺贝尔所说："生命，那是自然给人类去雕琢的宝石。"它们总喜欢趴在树阴中，热情地向这个世界述说着什么。据说，一只蝉在地下生活数年才得出土，而它们在世间的生命仅仅两周。然而，它们非常珍视自己有限的生命，抓紧有限的时间，拼命地在枝头高歌以不枉自己在世间的存在。

花园里、树林中或田野里，萤火虫儿背着小小的灯笼，发出晶莹的亮光，在夜空中一闪一闪地飞来飞去。在很多人眼里也许它们是如此的微不足道，但"囊萤照读"的故事一直深刻地印在人们的脑海中。它们用自己的微弱之光，鼓舞着人们的意志，照亮人们前进的方向。

还有那美丽的蝴蝶在花丛中翩翩起舞，蜜蜂也不辞辛苦地为奇异的花朵传播花粉……正是因为它们的存在，大自然才会如此地生动、有趣。

面对熟悉或是陌生的昆虫王国，无论过去、现在和未来它们一直是这个世界不可或缺的精彩部分。这一点，毋庸置疑。

如今，越来越多的人被禁锢在钢筋水泥铸成的城市里，繁忙的工作和沉重的生活压力，迫使自己的步伐越来越快，脚步匆匆，无法驻足来观赏树下行军的蚂蚁、雨前舞蹈的蜻蜓……自然与生命、世界的真实与否就这样且行且远了。

然而那些千奇百怪的昆虫，无不吸引着每一个好奇、爱问的少年儿童。他们渴望了解和探寻其中的奥秘：为什么蝴蝶飞舞时没有声音？飞蛾为什么喜欢火光？蜜蜂为什么被称为"天才建筑师"？为什么称蜻蜓为昆虫界的捕虫高手……

为此，我们精心编写了这本《揭秘自然界的昆虫王国》。书中绘制了数百幅精美、生动的昆虫手插图，以助读者领略别样的昆虫王国，融入到这迷人的田园风光中去，轻松地感受自然与生命带给我们的惊喜与感动。

目录

揭秘自然界的 昆虫王国

1. 昆虫是怎么呼吸的 2
2. 为什么昆虫没有鼻子却嗅觉灵敏 3
3. 为什么昆虫会蜕皮 4
4. 昆虫为什么不走直线 5
5. 什么是膜翅目昆虫 6
6. 什么是双翅目昆虫 7

7. 蝴蝶是怎么诞生的 8
8. 蝴蝶的翅膀为什么是五彩缤纷的 9
9. 为什么中华虎凤蝶被称为"中国蝴蝶瑰宝" 10
10. 为什么闪蝶的翅膀能闪光 11
11. 蝴蝶为什么总爱在花丛中翩翩起舞 12
12. 为什么蝴蝶飞舞时没有声音 13
13. 透翅蝶为什么不易被敌人发现 14
14. 眼蝶的翅膀上真的长着眼睛吗 15
15. 为什么说枯叶蝶是最著名的"拟态高手" 16
16. 为什么绢蝶被称为"高原上的精灵" 17
17. 为什么帝王蝶对马利筋情有独钟 18
18. 为什么帝王蝶迁徙近一万里而不迷路呢 19
19. 蝴蝶传播花粉是有意识的吗 20
20. 蝴蝶的翅膀有什么特性 21
21. 为什么黄粉绢蝶被称为"冰清绢蝶" 22
22. 藤豹大蚕蛾是如何自卫的 23
23. 为什么蛾产卵后就死了 24
24. 为什么飞蛾和蝴蝶不属于同种昆虫 25
25. 飞蛾为什么喜欢火光 26

26. 为什么乌桕大蚕蛾的寿命最长只有两周 27
27. 尺蠖幼虫是如何爬行的 28
28. 你知道蓑蛾的生长过程吗 29
29. 衣蛾是如何生存的 30
30. 你知道鬼脸天蛾的名称由来吗 31
31. 为什么萤火虫会发出一闪一闪的亮光 32
32. 蜜蜂为什么喜欢采蜂蜜 33
33. 蜜蜂为什么要跳舞 34
34. 蜜蜂为什么被称为"天才建筑师" 35
35. 为什么黄蜂会飞 36
36. 为什么不能捅马蜂窝 37
37. 姬蜂真的很温柔、善良吗 38
38. 熊蜂蜇人后也会死去吗 39
39. 熊蜂有什么样的采食技巧 40
40. 黄蜂会酿蜜吗 41
41. 为什么说杜鹃蜂既懒惰又凶残 42
42. 为什么说金小蜂的产卵器非常厉害 43
43. 为什么切叶蜂要切树叶 44
44. 雌螲蟷是如何处理猎物的 45
45. 为什么称蜻蜓为昆虫界的捕虫高手 46
46. 蜻蜓为什么要用尾巴点水 47

47. 蜻蜓是益虫还是害虫 ... 48
48. 豆娘的外貌特征有哪些 ... 49
49. 豆娘与蜻蜓有什么区别 ... 50
50. 金蝉为什么要脱壳 ... 51
51. 为什么蝉只在夏天出现 ... 52
52. 斑衣蜡蝉为什么被称为"花姑娘" ... 53
53. 为什么说斑衣蜡蝉是危害农业的高手 ... 54
54. 为什么说沫蝉是昆虫界第一跳跃者 ... 55
55. 为什么蝉是最长寿的昆虫 ... 56
56. 为什么泡沫蝉能产生泡沫 ... 57
57. 为什么没有虫草蝙蝠蛾就长不出冬虫夏草 ... 58
58. 为什么虫草蝙蝠蛾被称为"黄金草" ... 59
59. 苍蝇是如何进食的 ... 60
60. 为什么苍蝇能够帮助解决飞行器的难题 ... 61
61. 为什么果蝇是遗传学实验的好材料 ... 62
62. 为什么食蚜蝇善于模仿 ... 63
63. 为什么舌蝇会使人昏睡 ... 64
64. 突眼蝇的眼睛长在什么地方 ... 65
65. 为什么石蝇能使用"击拍语" ... 66
66. 为什么被蚊子叮咬之后皮肤会出现红包 ... 67
67. 为什么花斑蚊被称为昆虫界的头号"恶棍" ... 68
68. 蚂蚁为什么不会迷路 ... 69
69. 蚂蚁为什么要搬家 ... 70

70. 蚂蚁为什么力大惊人 71
71. 为什么蚱蜢是跳高能手 72
72. 蚁蛉有什么样的捕杀技巧 73
73. 黄猄蚁是如何织巢的 74
74. 为什么收获蚁善于寻觅种子 75
75. 白蚁和蚂蚁有亲戚关系吗 76
76. 切叶蚁是如何切光树叶的 77
77. 红火蚁为什么令人恐惧 78
78. 蜜罐蚂蚁是如何酿蜜的 79
79. 蚁狮是如何哺食的 80
80. 为什么行军蚁总是迁移 81
81. 为什么黑蚂蚁被称为"微动物营养宝库" 82
82. 为什么说大齿猛蚁是攻击速度最快的昆虫 83
83. 毛虫是怎样变成蝴蝶的 84
84. 蟋蟀为什么会在深夜不停地鸣叫 85
85. 蝗虫是怎么冠上害虫之名的 86
86. 为什么蝗虫总是成群出行 87
87. 为什么螳螂具有准确而又快速的扑击本领 88
88. 为什么雄螳螂会被自己的妻子吃掉 89
89. 为什么螳螂是益虫 90
90. 兰花螳螂主要掠食哪些食物 91
91. 为什么兰花螳螂是最"完美"的昆虫 92
92. 斑石蛉为什么被误认为是"变异的蜻蜓" 93

93. 蜘蛛是如何织网的 94
94. 狼蛛为什么被称为"冷面杀手" 95
95. 蜘蛛为什么不会被网黏住 96
96. 间斑寇蛛是如何捕食的 97
97. 食鸟巨蛛为什么能发出巨大的声响 98
98. 是不是所有的蜘蛛都会织网 99
99. 水蛛为什么具有供氧装置 100
100. 蔽日蜘蛛是如何捕猎的 101
101. 为什么蟑螂很难被捉到 102
102. 竹节虫是如何逃生的 103
103. 为什么说竹节虫是"伪装大师" 104
104. 竹节虫真的会跳舞吗 105
105. 埋葬虫为什么要埋尸体 106
106. 为什么雄蝈蝈能够唱出嘹亮的歌声 107
107. 蠼螋为什么被称为"耳夹子虫" 108
108. 蜈蚣到底有多少只脚 109
109. 为什么结缕黄又叫"油葫芦" 110
110. 纺织娘的名称来历是什么 111
111. 如何鉴别纺织娘是否衰老 112
112. 为什么刺毛虫不会从树叶上掉下来 113

113. 为什么刺毛虫又叫"八角辣"..................114
114. 为什么蜗牛会留下"足迹"..................115
115. 为什么蜗牛能在刀刃上爬行..................116
116. 为什么蜗牛爬行得很慢..................117
117. 马陆是如何自我防御的..................118
118. 角蝉头上的"高冠"有什么作用..................119
119. 为什么吸浆虫是农业害虫..................120
120. 为什么毛毛虫外出觅食要集结在一起..................121
121. 毛毛虫靠什么来排成一队呢..................122
122. 为什么说蝼蛄是害虫..................123
123. 瓢虫为什么被称为"活农药"..................124
124. 瓢虫是如何求生的..................125
125. 所有的瓢虫都是人类的朋友吗..................126
126. 为什么独角仙的力量如此巨大..................127
127. 为什么独角仙的外壳会变色..................128
128. 如何饲育独角仙..................129
129. 金龟子为什么会唱歌..................130
130. 金龟子是如何逃生的..................131
131. 为什么锹甲喜欢搏斗..................132
132. 为什么锹甲被做成新潮宠物..................133
133. 为什么天牛又被称为"锯树郎"..................134
134. 天牛如何得名..................135
135. 跳蚤为什么会有惊人的跳跃本领..................136

136. 为什么"臭大姐"会放臭屁 137

137. 椿象是如何吸取汁液的 138

138. 桂花蝉属于蝉类吗 139

139. 为什么叩头虫会"叩头" 140

140. 为什么虎甲会成为受欢迎的昆虫宠物 141

141. 大王虎甲为什么称为"非洲地面暴君" 142

142. 象鼻虫真的是用鼻子来嚼食物吗 143

143. 长颈象鼻虫的长颈有什么作用 144

144. 为什么说竹象鼻虫是竹类的主要危害 145

145. 为什么吉丁虫被誉为"彩虹的眼睛" 146

146. 虎天牛为什么像胡蜂 147

147. 蝎子是如何捕杀猎物的 148

148. 为什么要保护好蝎子的毒刺 149

149. 为什么屎壳郎会沿着直线运动 150

150. 屎壳郎是如何孕育后代的 151

151. 为什么泰坦甲虫被称为世界上最大的甲虫 152

152. 为什么蚕宝宝爱吃桑叶 153

153. 蚕宝宝的生长过程 154

154. 为什么水黾能在水面上滑行 155

155. 为什么鼻涕虫爬行后会留下痕迹 156

156. 为什么说草蛉是"灭虫能手" 157

157. 为什么气步甲又被称为"炮虫" 158

158. 为什么拉步甲被称为"昆虫中的猎豹" 159

159. 为什么蚕豆象有着惊人的产卵技术 160

160. 为什么茎蜂爱吃植物的茎 161

161. 蚜虫与蚂蚁为什么保持着共生关系 162

162. 蚜虫的生存环境是怎样的 163

163. 为什么龙虱被称为"水老虎" 164

揭秘
自然界的

昆虫王国

昆虫是怎么呼吸的

昆虫没有鼻子，是用气管呼吸的，它们有特殊的呼吸系统，即由气门和气管组成的器官系统，气门相当于它们的"鼻孔"。在昆虫的胸部和腹部两侧各有一行排列整齐的圆形小孔，这就是气门。气门与人的鼻孔相似，在孔口布有专管过滤的毛刷和筛板，就像门栅一样能防止其他物体的入侵。气门内还有可开闭的小瓣，掌握着气门的关闭。气门与气管相连，气管又分支成许多微气管，通到昆虫身体的各个地方。昆虫依靠腹部的一张一缩，通过气门、气管进行呼吸。昆虫能高度适应陆生环境，原因之一就是具备了这种特殊的呼吸系统。

以气门进行呼吸的昆虫

小博士趣闻

蚂蚁、蝗虫、螳螂、蝴蝶、蜜蜂、蚊子、苍蝇等各类陆生昆虫都是以这种方式进行呼吸的。就连生活在水中的昆虫也是用气门进行呼吸的。像蜻蜓、蜉蝣的幼虫长期适应水生环境，还形成了一种新的呼吸器官——气管鳃，能像鱼一样呼吸溶解在水中的空气。

揭秘自然界的昆虫王国

昆虫的嗅觉器官长在什么部位

小博士趣闻

昆虫的绝大部分嗅觉感受器官位于触角。如多音柞蚕的触角上至少有6万根感觉毛，15万个感觉细胞。也就是说，昆虫主要是靠触角来"闻"植物气味。但某些鳞翅目昆虫幼虫的下鄂须上也有嗅觉感受器，只是灵敏度要比触角低得多。触角按其形状特点可分为羽状、棒槌状、球杆状、念珠状和刚毛状等。羽毛状触角可以看作是最发达的"气味滤器"。

为什么昆虫没有鼻子却嗅觉灵敏

有许多昆虫其实并没有长鼻子和耳朵，但是它们的嗅觉及听觉极其灵敏。它们往往凭借长在头上的小触角和口器下面的短小口须来寻找食物。一些昆虫的耳朵同人类或是其他动物有很大区别。它们的耳朵并不像人或动物那样长在头部，而是长在身体的其他部位。例如，蚊子的耳朵长在头部的两根触角上；蟋蟀的耳朵长在一对前腿上；蛾子的耳朵则长在胸部或是腹部。不过，长在昆虫身体各个部位而非头部的这些耳朵并不会影响它们的听觉，事实上，许多昆虫的听觉都非常灵敏。

3

为什么昆虫会蜕皮

昆虫蜕皮是为了满足自身生长的需要。昆虫的外骨骼由蜡质层和几丁质层组成，蜡质层位于外骨骼的最外边，可以防止昆虫体内水分的蒸发。几丁质层是外骨骼的主要成分，它的下面是可以分泌外骨骼成分的表皮细胞。表皮细胞分泌的外骨骼成分一经硬化，就不能继续扩大，因此限制了昆虫的生长。所以，昆虫在生长发育的过程中就会因为生长变化而出现蜕皮现象。蜕皮时，表皮细胞会分泌一种酶，将几丁质层溶解，同时蜡质层也会破裂，这样昆虫就蜕掉一层皮了。同时，表皮细胞也会重新分泌外骨骼成分，昆虫的身体在新的外骨骼完全硬化之前，进行生长发育。

昆虫蜕皮何时停止

当昆虫发育到不再继续长大时，蜕皮也就停止了。

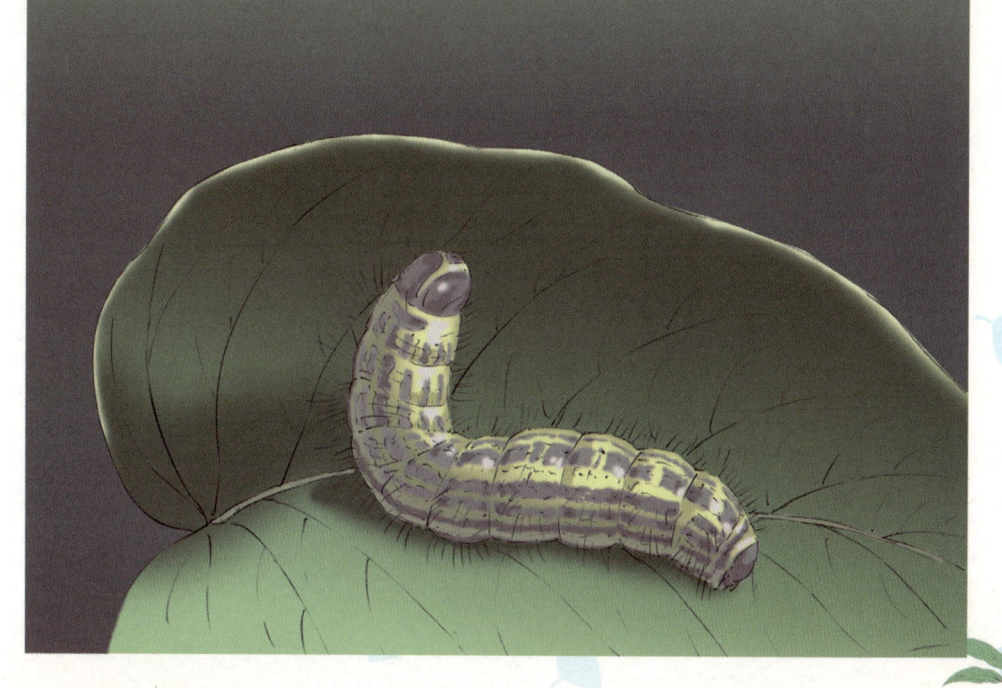

昆虫为什么不走直线

　　大多数昆虫在地上爬行时，总是左歪一下、右扭一下地成"之"字形行走。可是，昆虫为什么不走直线？因为昆虫是六足动物，它的胸部两侧各长着3条细长的足，每条足又分成5小节，而且前面一对足短，后面的一对足长，中间的一对介于前后足之间。当它行走时，6条足不能同时迈出，也不能将身体一侧的3条足同时迈动，否则就使身体悬空或歪倒。那么昆虫应该怎么办呢？这时候，昆虫便巧妙地把6条足分成两组：一组由一只右前足、一只左中足和一只右后足组成；另一组则由一只左前足、一只右中足和一只左后足组成。昆虫向前爬行一步，身体便由两组足中的一组支撑身体，另一组则稍为举起脱离地面，向前迈进。这样，昆虫的身体等于始终被一只三脚架稳稳地支撑着。一组向前迈进，另一组保持平衡，然后再交换，真是分工明确、有条不紊。昆虫在较粗的树干上爬行时，也是左歪右扭不成直线。如果在较细的枝条上爬行，它便在树枝上转圈向前行进。昆虫有六只脚，只好从幼"之"到老了。

孩子最感兴趣的十万个为什么

什么是膜翅目昆虫

膜翅目是昆虫纲中的一个目。有着透明的翅膀，它包括各种蜂和蚂蚁。在世界范围内，其种类多达11万种，是昆虫中第三大目。膜翅目中的昆虫体长0.2厘米5～7厘米不等，最大的昆虫翅展达10厘米，最小的昆虫翅展仅有1毫米。

生活中随处可见的膜翅目昆虫

在我们身边，有很多膜翅目的昆虫，如勤劳的蜜蜂，忙碌的蚂蚁，熊蜂、胡蜂、小麦叶蜂、梨实蜂等，还有恐怖的大胡蜂都是膜翅目的昆虫。

什么是双翅目昆虫

　　双翅目包括蚊、蠓、蚋、虻、蝇等，是昆虫纲中较大的目。由于成虫前翅膜质，后翅退化成"平衡棒"而得名。双翅目分为长角、短角和环裂三个亚目。长角亚目的触角在6节以上，包括蚊、蠓、蚋，是比较低等的类群；短角亚目触角在5节以下，一般3节，通称"虻"；环裂亚目就是我们通称的"蝇"。

双翅目昆虫与疾病

　　双翅目昆虫最常见的疾病传播方式是某些吸血性类群直接叮咬。刺吸血液常引起家畜贫血。不少种类是传播细菌、寄生虫、病毒、立克次体等病原体的媒介昆虫，例如蚊子传播疟疾、丝虫病、黄热病、登革热等；虻传播丝虫病、炭疽、锥虫病以及马的传染性贫血；蠓科中库蠓属的一些种类为丝虫病的中间宿主；蚋科的一些种在非洲、美洲和大洋洲传播人畜的蟠尾丝虫病；蝇科与丽蝇科除机械地携带各种病原体外，某些种类的幼虫可引起人畜的蝇蛆症。

蝴蝶是怎么诞生的

蝴蝶是世界上最美丽的昆虫之一。其实，蝴蝶天生并没有这么漂亮，它的蜕变要经历一个极其痛苦而又漫长的过程。起初，它们仅仅是一枚小小的卵，卵通过孵化后会变成一条条毛毛虫，这些毛毛虫很丑陋。经过整整一个冬天的休养，这些毛毛虫的身体表面逐渐变硬，开始形成一个个蛹。到了来年的三四月份，蛹开始破裂，里面的成虫从裂开的蛹壳里出来，如此就完成了一个美丽的脱变过程——丑陋的毛毛虫终于变成漂亮的蝴蝶啦！

蝴蝶翅膀上的图案能起什么作用

蝴蝶的翅膀上布满了各种色彩斑斓的图案。这些图案到底有什么作用呢？其实，这些漂亮的图案不是使自己更美丽，而是为了更好地伪装自己，从而逃脱敌人的追踪。除此，这些图案还能在同伴之间传递各种不同的信息。

蝴蝶的翅膀为什么是五彩缤纷的

大部分色彩斑斓的昆虫身体上的颜色都来自皮肤或翅膀下的色囊。蝴蝶身上储藏的"颜料"其实比它鲜艳的外表要少得多。但它的翅膀上覆盖着一层层重叠的鳞片,这些鳞片虽然有的含色,有的无色,但一眼看过去,特别是在阳光灿烂的时候,蝴蝶的翅膀却是五彩缤纷的。原来,只要在一定的条件下,阳光就能把特定的颜色从空气中分离开来。不管是雨后的彩虹,还是喷涌的水柱,或者是油腻水洼的表面,尽管它们本身都是无色的,却会在阳光下呈现出美丽的七彩色。

为什么中华虎凤蝶被称为"中国蝴蝶瑰宝"

提起中华虎凤蝶,也许有很多人都不知道,在我国,中华虎凤蝶与大熊猫一样,被昆虫专家誉为"国宝"。它是中国独有的一种野生蝶,为国家二级保护动物,其主要分布在长江流域中下游地区,南京是中华虎凤蝶数量最多的地区。

中华虎凤蝶的生活习惯

中华虎凤蝶喜欢生活在光线较强而湿度不太大的林缘地带,飞翔能力不强,也没有其他凤蝶所有的那种沿着山坡飞越山顶的习性,因此只在特定的狭小地域内活动。

揭秘自然界的昆虫王国

为什么闪蝶的翅膀能闪光

闪蝶最吸引人的地方在于它翅膀上绚丽无比的"金属光泽"。为什么闪蝶的翅膀能闪光呢？这就要从蝴蝶翅膀的结构说起。人们用手捉蝴蝶时，手上会沾一些"粉末"，这些"粉末"其实就是各种形状的鳞片。闪蝶的鳞片在结构上则更为复杂，其细微结构是由多层立体的栅栏构成，类似于百叶窗，只是其结构远比百叶窗复杂。当光线照射到翅膀上时，会产生折射、反射和绕射等物理现象，于是闪蝶翅膀上的复杂结构在光学作用下产生了彩虹般的绚丽色彩。当一群闪蝶在雨林中飞舞时，便闪耀出蓝色、绿色、紫色的金属光泽，"蓝色幻影"便产生了。但是，并不是所有闪蝶都有这种亦真亦幻的金属光泽，一些种类和大部分闪蝶的雌蝶是没有闪光的。

蝴蝶为什么总爱在花丛中翩翩起舞

美丽的蝴蝶总爱在花丛中翩翩起舞，就像一朵移动的花儿。我们知道蝴蝶不会酿蜜，那它总在花丛中飞来飞去的，到底在忙些什么呢？蝴蝶的嘴上长着一根像弹簧一样的吸管，它把吸管插进花蕊里就可以吸到又香又甜的蜜汁了。同时，蝴蝶和花朵色彩相似，它在花丛中飞，可以减少敌害的袭击。

蝴蝶效应

蝴蝶效应是气象学家洛伦兹1963年提出来的。其大意为：一只南美洲亚马逊河流域热带雨林中的蝴蝶，偶尔扇动几下翅膀，可能两周后在美国德克萨斯就会引起一场龙卷风。其原因在于：蝴蝶翅膀的运动，导致其身边的空气系统发生变化，并引起微弱气流的产生，而微弱气流的产生又会引起它四周空气或其他系统产生相应的变化，由此引起连锁反应，最终导致其他系统的极大变化。

揭秘自然界的昆虫王国

为什么蝴蝶飞舞时没有声音

苍蝇、蚊子、蜜蜂飞行时我们可以听到声音，而蝴蝶飞舞时我们却不能听到声音，这是为什么呢？让我们来做一个实验。当你把用竹片做成的竹蜻蜓在手中用力一搓，然后松开手，竹蜻蜓就"呼"的一声飞上天了。这时，我们听到的声音，是竹蜻蜓在飞行时与空气的磨擦声。但是，这种声音只有竹蜻蜓在每秒钟里转20～20000次时才能听到，低于或高于这个范围，人都不可能听到。昆虫学家研究发现，通常情况下，苍蝇飞行每秒钟振翅150次、蚊子飞行每秒钟振翅600次、蜜蜂飞行每秒钟振翅300次，所以，苍蝇、蚊子、蜜蜂等昆虫飞行时总觉得有"嗡嗡嗡"的声音。可是，蝴蝶飞舞时，每秒钟振翅5～8次，自然就听不到飞舞时的声音了。

为什么下小雨时，蝴蝶也能飞行

蝴蝶翅膀上的鳞片不仅能使蝴蝶艳丽无比、还像是蝴蝶的一件雨衣。因为蝴蝶翅膀的鳞片里含有丰富的脂肪，能把蝴蝶保护起来，所以即使下小雨时，蝴蝶也能飞行。

透翅蝶为什么不易被敌人发现

有一种小巧玲珑的蝴蝶,它长得非常神奇,翅膀居然像玻璃一样是透明的,透过它的翅膀可以看到翅膀后面的东西,而且一清二楚,一点也不模糊。透翅蝶的翅膀为什么是透明的呢?因为透翅蝶的翅脉间的组织是透明的,翅膀薄膜上没有色彩也没有鳞片,因此得名透翅蝶。大概这就是造物者送给透翅蝶的高极"隐身术"吧,使它可以轻易地"消失"在森林里。不过,它可不是惟一拥有透明翅膀的蝴蝶,在同科之中,另有几个种类的蝴蝶同样有着透明的翅膀。

眼蝶的翅膀上真的长着眼睛吗

鳞翅目眼蝶科昆虫夏季大量出现于美国和欧洲的草原上。幼虫呈天鹅绒似的褐色或绿色，具有小而分叉的尾状附器。成蝶翅呈褐色，翅展5厘米~6厘米，有明显眼斑（环形斑纹）。翅上的假眼是用以吓唬或迷惑捕食性鸟类的。

眼蝶科蝴蝶的特征

眼蝶科蝴蝶多属小型至中型的蝶种。常以灰褐、黑褐色为基调，饰有黑、白色彩的斑纹。翅上常有较醒目的外横列眼状斑或圆斑。

枯叶蝶翅展70毫米~75毫米，体背黑色。翅褐色，有青绿泽，前翅中域有一条宽大的橙黄色斜带，前后翅外角尖端顶角部分尖锐，好似叶尖和叶柄状。翅背面呈枯叶色，还有叶脉状的条纹，雌雄形态近似。该种均生活在大山中，飞翔速度快，静止时常分开双翅，显现出美丽的翅面花纹，但在受惊吓或黄昏时分才合并双翅，露出翅背面的枯叶色。幼虫寄主为爵床科植物。该种是蝶类中最著名的拟态实例。

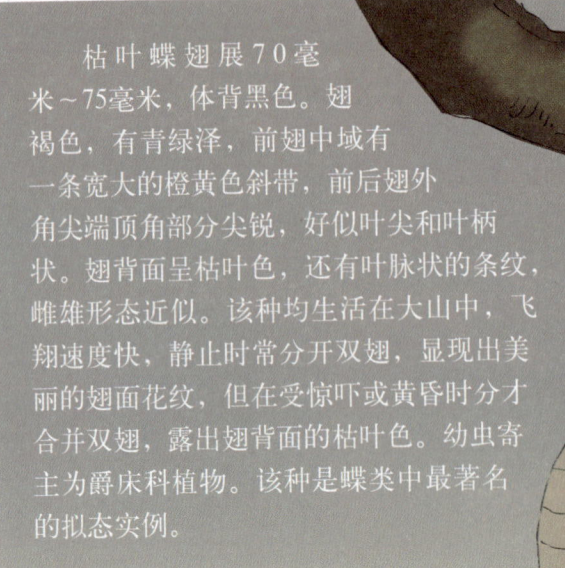

为什么说枯叶蝶是最著名的"拟态高手"

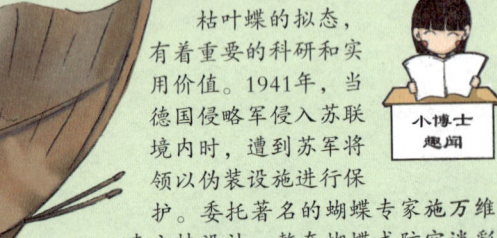

枯叶蝶的拟态，有着重要的科研和实用价值。1941年，当德国侵略军侵入苏联境内时，遭到苏军将领以伪装设施进行保护。委托著名的蝴蝶专家施万维奇主持设计一整套蝴蝶式防空迷彩伪装，将防御、变形、伪装三种方法相互配合起来，给列宁格勒的众多军事目标披上了一层神奇的"隐身衣"，有效地防御了侵略军的进攻。实践证明，枯叶蝶的拟态，在军事科学上有着重大的意义和作用。

为什么绢蝶被称为"高原上的精灵"

青藏高原上海拔3500米～5000米的高寒山区，栖息着一类奇特的蝴蝶。它们的翅膀呈现像丝绸一样的白色，并且宽大而富于圆角，翅膀上铺满腊质，鳞片稀疏，看上去如同是用半透明的薄绢制成，在淡白色底色上往往缀饰着珠红或深蓝色的圆斑，既显得淡雅又衬托出华贵。这便是高原真正的主人——举世闻名的绢蝶科蝶类。

为什么帝王蝶对马利筋情有独钟

每年春回大地之时,帝王蝶在墨西哥栖息地从冬眠中醒来,立刻开始全力冲刺交配,然后雌蝶把雄蝶抛开,集体朝北疾飞。帝王蝶交配的时间一般是在冬季。雄性帝王蝶在找到配偶之后,喷出一种液体,撒到雌性的尾部。它们会在长满马利筋的田野里停下来,它们对马利筋可谓是情有独钟,因为雌蝶要在这种植物幼嫩的植株上产卵。它们总是悄悄地落在叶面上,用多节前腿确认是马利筋后,才将针头般大小的卵一个个地产在叶子下面。

揭秘自然界的昆虫王国

为什么帝王蝶迁徙近一万里而不迷路呢

为什么帝王蝶迁徙近一万里而不迷路呢？为此科学家一直不断地在努力实验，从而揭开了帝王蝶导向的奥秘。

2009年9月，科学家经过不懈努力，终于弄清楚了帝王蝶是通过什么机制指引如此大规模、远距离迁徙的。大多数人此前都认为它们的导向机制存在于大脑中，但科学家研究表明，指引它们迁徙的生物钟竟然存在于触须上。里珀特和它的研究小组一直致力于研究蝴蝶触须感知气味的能力，里珀特表示，失去触须的蝴蝶仍然按直线飞行，但在一起时它们却飞向不同的方向。相反，有触须的蝴蝶则全部飞向西南方。没有了触须，蝴蝶就失去了利用太阳导航的能力，无法根据白天不同的时间调整方向。研究者为了验证它们的假说，将一半蝴蝶的触须漆成黑色促进阳光的吸收，另一半则涂上明亮的颜色阻挡阳光射线。涂有明亮颜色的帝王蝶继续向南飞，而涂上黑色的蝴蝶则开始不断地向北飞，这表明它们的生物钟被打乱了。

蝴蝶传播花粉是有意识的吗

蝴蝶传播花粉并不是有意识进行的，其实蝴蝶飞到花上面去的目的是为了吸食花蜜，而花朵上的花粉就会沾到蝴蝶身上，当蝴蝶再去吸食其他花朵的花蜜的时候，沾到身上的花粉会掉到其他花朵上，这样就被动地传播花粉了。

为什么蝴蝶是复眼

昆虫的复眼由许多小眼组成，但它们的视力远不如人类的好，蜻蜓可以看到1～2米，苍蝇只能看到40～70毫米。昆虫的复眼其最大优势是对于移动物体的反应十分敏感，当一个物体突然出现时，蜜蜂只要0.01秒就能作出反应。捕食性昆虫对移动物体反应能力更加迅速敏捷。昆虫复眼也是眼，肯定起视觉作用，即成像能力——一般昆虫仅能辨别出近距离的物体，特别是运动着的物体。复眼对昆虫很重要，对其觅食、求偶、避敌、休眠、繁殖、决定行为方向等都有重要作用。因为其复眼占的面积很大，所视范围比人类的宽，甚至可达360度；另外其感光光谱比人类的宽，一些，为253毫米～700毫米，可对一定波长的红外光产生生物电位，引起视觉反应。

揭秘自然界的昆虫王国

蝴蝶的翅膀有什么特性

蝴蝶的翅膀是大自然所选择的结果,就像我们人类一样,长有脚、鼻子等。科学证明,会飞的昆虫更有利于在地球上生长。每种蝴蝶翅膀的颜色都很特别,有的像叶子,如枯叶蛱蝶;有的像猫头鹰,有的像蛇。这些颜色模拟了自然界中比较强悍的生物的颜色,从而使蝴蝶因为翅膀上特别的颜色保护了自己。蝴蝶长有翅膀,还可以让太阳公公晒不到自己的身体,起到保持身体温度的作用。在蝴蝶翅膀上有一片一片像鱼鳞一样的鳞片。当太阳光强烈地照在蝴蝶身体上时,蝴蝶翅膀上的鳞片会张开,把太阳光挡了回去。科学家就是从蝴蝶翅膀的这个特性,发明了太空飞船的保温设备。

蝴蝶为什么把卵产在树叶底下

蝴蝶把卵产在树叶下，一来可以防止鸟雀的取食，二来可以方便幼虫出生后有叶子可吃。

为什么黄粉绢蝶被称为"冰清绢蝶"

冰清绢蝶原叫黄粉绢蝶，是浙江惟一的一种绢蝶科蝴蝶，目前仅在龙王山、天目山、清凉峰一带发现有此种蝴蝶。《中国蝶类志》做了统一，此蝶的雌蝶，一生只与雄蝶交配一次，之后腹部末端产生各种形状的角质臀袋，不再交配，对爱情非常专一，因此取名冰清绢蝶，以此体现它对爱情专一的特征，而不是它的色泽或形状特征。

揭秘自然界的昆虫王国

藤豹大蚕蛾是如何自卫的

藤豹大蚕蛾利用振动翅膀和可怕的斑纹扰乱和吓唬潜在的食肉动物。当它们静止不动时，所展示的只是前翅的最外层，这一层逐渐从淡黄色变为栗褐色，很像覆盖在林地上的杂物。然而，要想让保护色产生作用，必须快速露出翅膀下面的斑纹，每个翅膀内侧都有一个大大的眼斑。这些斑纹跟眼睛非常相像，它们可能是数百万年来进化的需要，从而使大蚕蛾有幸生存了下来，而那些斑纹不像眼睛的蛾子就被天敌吃掉了。

为什么蛾产卵后就死了

蚕蛾在出茧时会吐出一种碱性液体溶解黏着蚕丝的丝胶，使丝分离。然后用头和足把这部分丝拨开，形成一个大孔，从孔里钻出来。蚕蛾出茧后，紧接着是雌雄交尾。雌蛾身体比较肥大，运动不灵活，腹部末端有毛丝。雄蛾身体瘦小，运动灵活，腹部末端没有毛丝。雄蛾、雌蛾交尾、产卵后，经过几天相继死去，这主要是因为蚕蛾口器退化，不能吃任何食物，它们生活所需要的养分和能量全靠幼虫时期的积累，在交尾、产卵时几乎把体内贮存的养分全部耗尽；再则，蚕蛾体内组织的老化衰退也是它死亡的原因。

为什么要防治绿尾大蚕蛾

绿尾大蚕蛾是鳞翅目大（天）蚕蛾科的一种中大型蛾类。成虫体粗大，体被白色絮状鳞毛包围而呈白色。头部两触角间具紫色横带1条，触角黄褐色羽状；复眼大，球形黑色。后翅臀角长尾状。为害药用植物山茱萸、丹皮、杜仲等，为农业害虫。

揭秘自然界的昆虫王国

为什么飞蛾和蝴蝶不属于同种昆虫

蝴蝶与飞蛾虽然外表很像,但实际上它们并不是同一种昆虫。就连它们的身体构造和生活习性都有很大的不同。首先,蝴蝶通常在白天飞行,飞蛾则喜欢在夜间行动。蝴蝶的身材纤细,飞蛾的体形丰满、多毛。蝴蝶的蛹是裸露的,飞蛾的蛹通常有柔软光滑的茧包裹着,或是埋藏在地下化蛹。另外,蝴蝶有巨大的复眼,不用转头就能看到各个方向,而飞蛾却不具备这个特征。还有,蝴蝶的触角都是呈棒槌状的,而飞蛾的触角却有多种形状。

飞蛾为什么喜欢火光

飞蛾喜欢围着灯火打转儿是昆虫趋光性的一种表现。飞蛾等昆虫在夜间飞行时,是依靠月光来判定方向的。可是,当遇到比月光亮很多的灯光时,飞蛾就会被这些光所吸引飞近灯光。由于飞蛾的两只眼睛对灯光亮度的感受并不一样,所以,它们就会不停地往光线更强的地方飞。又因为月亮距离地球遥远,飞蛾只要同月亮保持固定的角度,就可以使自己朝着固定的方向飞行。可灯光距离飞蛾很近,飞蛾便会本能地同光源保持固定的角度打着转儿飞,有时就会出现"飞蛾扑火"的情形。

揭秘自然界的昆虫王国

乌柏大蚕蛾是如何自卫的

乌柏大蚕蛾可利用双翅上的吓人图案来吓跑捕食者，同时它还会用类似的颜色吓跑有毒的黄蜂和青蛙。另外，由于乌柏大蚕蛾外形"惊人"，其巨大翅膀的两端看起来像爬行动物，因此在中国，乌柏大蚕蛾又被称为"蛇头蛾"。

小博士趣闻

为什么乌柏大蚕蛾的寿命最长只有两周

乌柏大蚕蛾分布在东南亚热带和亚热带的森林中，在马来群岛非常普遍。乌柏大蚕蛾的名称源于这种飞蛾的翅膀上有复杂的、像彩色地图一样的纹案。另外，这种飞蛾由于没有完全成形的嘴而仅靠自身"毛虫"身体部位的脂肪为生，因此这种飞蛾的寿命最长只有两周。

尺蠖幼虫是如何爬行的

尺蠖幼虫身体细长，行动时一屈一伸像个拱桥，静止时，常用腹足和尾足抓住桑枝，使虫体向前斜伸，颇像一个枯枝，受惊时即吐丝下垂；桑尺蠖的幼虫，不仅食害桑树的叶片，还食嫩芽。雌成虫无翅，雄成虫全体灰褐色，前翅有两条褐色波纹。我国南北各地最常见的桑尺蠖，其幼虫常作为"拟态"的典型代表。成虫翅大，体细长有短毛，触角丝状或羽状，称为"尺蛾"。

揭秘自然界的昆虫王国

你知道蓑蛾的生长过程吗

蓑蛾的初龄幼虫性活泼，群集蓑囊表面，吐丝下垂，随风飘散，随后在叶面、树枝上吐丝造囊，藏于其中。老熟幼虫将囊用丝固定悬挂在植物上，在囊内化蛹。雄蛾羽化后，从囊下端飞出。雌蛾羽化后仍栖息在囊内，伸出头、胸部等待雄蛾飞来交尾。雄蛾飞停在囊上，在囊下端开口处交尾。雌蛾产卵在囊内或将受精卵留在腹中。每一雌蛾产卵约100～200粒，最多可达3000粒。

如何防治衣蛾

防治衣蛾最有效的方法,一是收藏的衣物和装衣物的箱、柜一定要干燥,事先要晾晒好。二是衣柜中放上用纸包好的卫生球、樟脑块等。

衣蛾是如何生存的

衣蛾只要在室内就能生存,主要靠吃木制品、纺织品和人们落在地上的头发生存,不用靠吃室外的树叶也能生存,一般来说,这类虫会出现在木制地板和衣柜中。

它会寄生在毛发组成的一个壳内,在两头都可以爬行,到一定的时候也会变成飞蛾,如果在条件成熟的环境中,变成飞蛾后还会产卵,继续生出小虫,对衣服等纺织品进行破坏。

揭秘自然界的昆虫王国

你知道鬼脸天蛾的名称由来吗

　　鬼脸天蛾其胸背面活脱一张鬼脸，以成虫胸部背面的骷髅形斑纹而得名，且在此眼斑上部还有一个灰白色大斑，犹如一道白眉。夜晚会趋光，白天停栖与翅色近似的树干上，若有骚扰或碰触会发出"咕、咕"的叫声以驱敌。而且，鬼脸天蛾还是最狡猾的偷蜜者呢！

鬼脸天蛾对军事的贡献

　　鬼脸天蛾的传闻发生在二战期间。据说，当时有两军对峙，双方都久攻不下，非常着急。后来，一方偶然发现了这种可怕的蛾子，它们灵机一动，捕捉了大量的活的鬼脸天蛾，在一个深夜，偷偷地释放在敌方的军营附近。结果，这些飞行力极强的昆虫，全向着有微弱灯光的营地扑去。天蛾飞行时呼呼的声音，加上许多恐怖的"鬼脸"，瞬时搅得敌军士兵非常恐慌，加上当时人们的迷信心理，士兵认为这不是一个好兆头，一时军心大乱，施放蛾子的军队取得了胜利。

为什么萤火虫会发出一闪一闪的亮光

萤火虫的尾部能发光,是由于它们体内有一个很特殊的"发光源"。这个"发光源"位于萤火虫腹部末端的下方,由发光细胞、反射层细胞、神经和表皮等构成。而在萤火虫的发光细胞里含有一种含磷的荧光素,荧光素为化学物质。当荧光素与萤火虫体内的能量物质相结合时,就能将萤火虫吸收的养分中的化学能源转为光能,萤火虫就能发出一闪一闪的亮光了。这些亮光可以起到联络同伴、发出预警、吸引异性等作用。但不同种类的萤火虫发光的形式、色彩也各不相同。

萤火虫发光的目的

至于萤火虫发光的目的,早期学者提出的假设有求偶、沟通、照明、展示及调节族群等功能;但是除了求偶、沟通等之外,还有警告其他生物的作用。

揭秘自然界的昆虫王国

为什么蜜蜂蜇人后会死掉

小博士趣闻

蜜蜂的毒针由一根背刺针和两根腹刺针组成，位于腹部。腹刺针的尖端有几个呈锯齿状的倒钩，当蜜蜂的毒针蜇入人的皮肤时，倒钩就会紧紧地钩住人的肌肉，要想拔出来可不容易。而且这些刺针直接连接着蜜蜂的内脏，因此，如果强行拔掉毒针，蜜蜂的一部分内脏就会被拉出来，如此一来，蜜蜂就会死掉。

蜜蜂为什么喜欢采蜂蜜

蜜蜂采集的主要是花粉，然后它们把花粉带回蜂巢，再酿造成蜂蜜，主要是为了给蜂巢里的雄蜂和蜂王吃，它们筑巢的时候也会使用到蜂蜜。蜂蜜是一种高营养的食物，能为蜜蜂提供很多的能量。所以，蜜蜂采蜜就像大熊猫要吃竹子一样，是它们长期适应环境的结果。

蜜蜂为什么要跳舞

蜂群中的"侦察兵"找到蜜源后，一般都会手舞足蹈起来，是因为它们高兴或是在庆祝吗？不是，"侦察兵"跳舞主要是为了通知同伴蜜源的方向和距离。舞蹈一般分为圆圈舞和"8"字舞两种。跳圆圈舞，表明蜜源的距离不太远；跳"8"字舞，则表明蜜源的距离很远。在跳舞过程中，如果蜂头朝上，表明蜜源向着太阳的方向；如果头向下，则表明蜜源与太阳的方向相反。当同伴看到"侦察兵"跳舞时，整个蜂群便会赶过去采集花蜜。

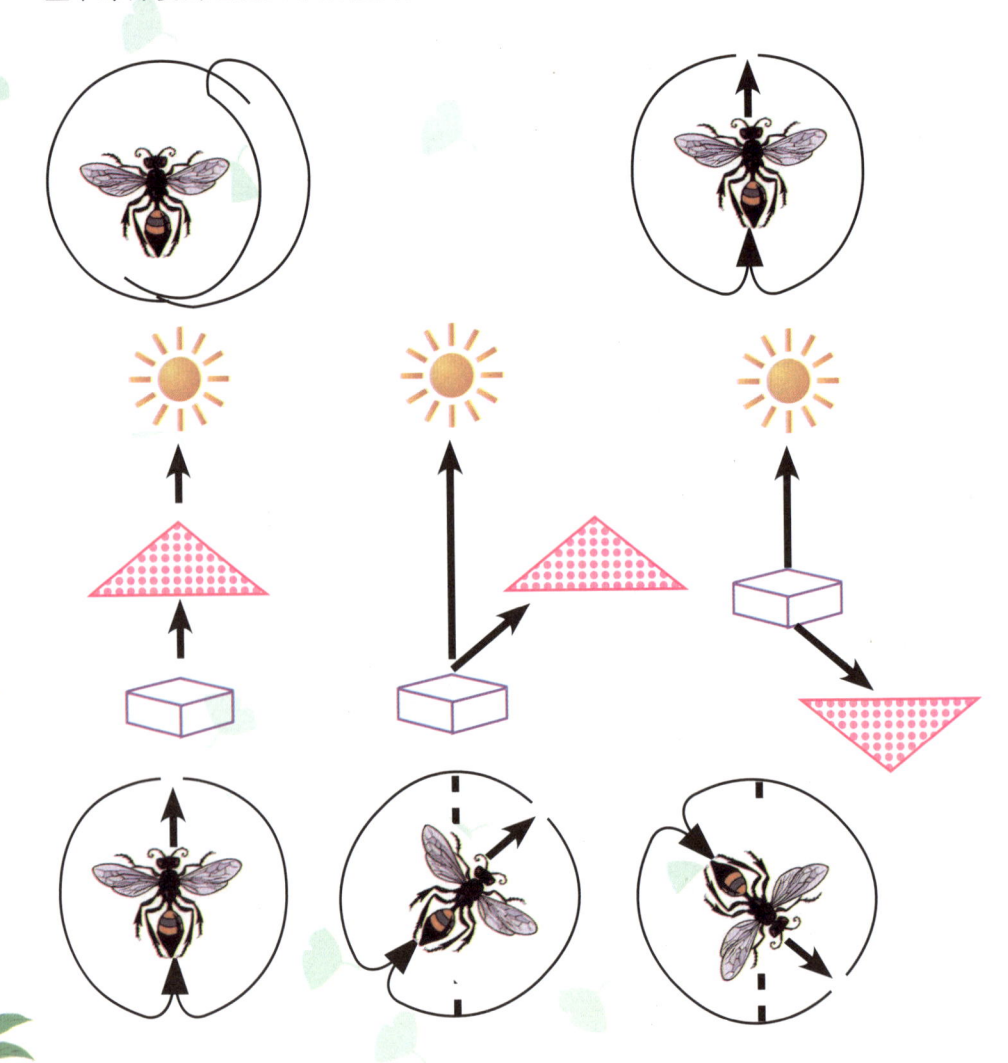

揭秘自然界的昆虫王国

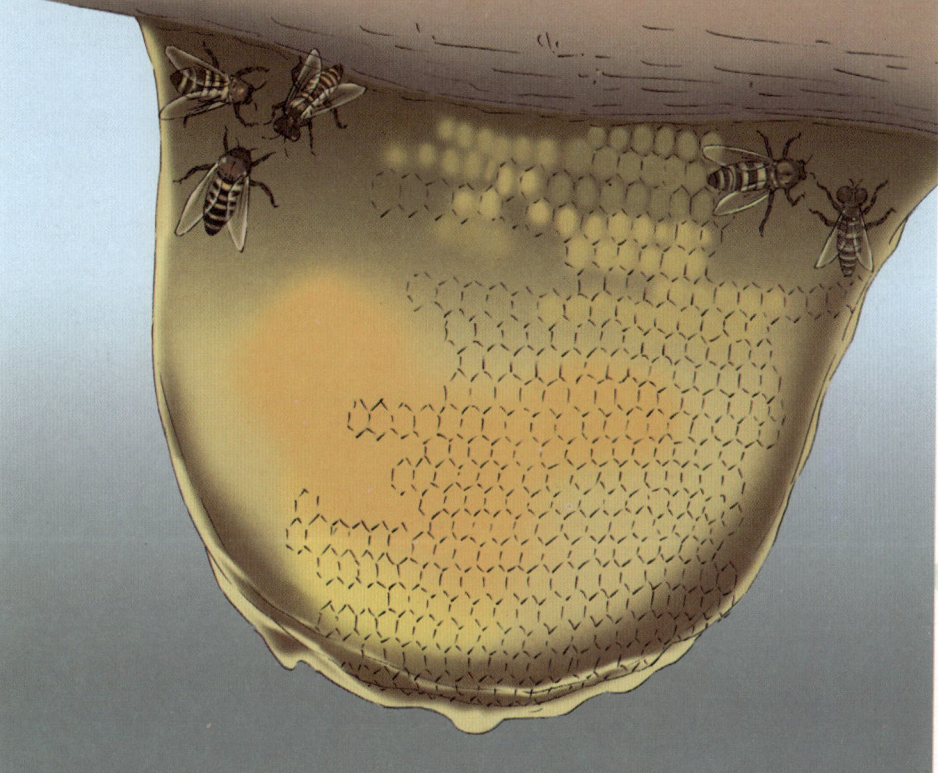

为什么蜂王浆有丰富的营养

小博士趣闻

从营养学的角度来说，蜂王浆营养丰富，是一种很好的食品。天然的蜂王浆含有57%～70%的水分，在剩下的干物质中，随采集季节或者说蜜蜂的食物源不同而有较大差异，其中蛋白质占17%～45%，碳水化合物占18%～52%，脂类占4%～19%，2%～3%是矿物质。蜂后幼虫就全靠它为生，蛋白质含有人类所需的全部必需氨基酸。蜂王浆中还含有大量的水溶性维生素。

蜜蜂为什么被称为"天才建筑师"

虽然在昆虫世界中，有许多昆虫具备造房本领，蜜蜂却为什么被称为昆虫界的"天才建筑师"呢？我们看看它们建造的"房子"就知道了。蜜蜂的蜂巢由无数个大小一样的正六边形的巢室组成，每个巢室都紧密地连在一起，从而形成一个巨大的蜂巢。巢室里有卵、幼虫以及花粉和花蜜。据科学研究表明：蜂巢建成六边形既可最大程度地节省材料，又使空间得到了最大限度的利用，而且还使蜂巢更加稳固。

为什么黄蜂会飞

数一数那些昆虫界能飞的昆虫，大黄蜂算是较特殊的一类了。它为什么特殊呢？我们先看看大黄蜂的体态吧。大黄蜂体态肥胖且很粗笨，翅膀极其短小。尽管这样，它们也能够自如地飞起来。

为此，一位社会行为学家给出了这样一个幽默的解释：面对激烈的生存竞争危机，大黄蜂必须飞起来，不然，它们面临的只有死亡。

大黄蜂知道自己不会飞，所以它们就拼命地扇动短小的双翅，竟然飞起来了。它们将自己重重的"心障"——顽强地攻破了，甩掉了自身的包袱或绊脚石，最终将自己生命的最大潜能毫无保留地发挥了出来。

为什么不能捅马蜂窝

马蜂和蜜蜂都是群居性昆虫，马蜂蜜（蜂巢）就是它们繁殖后代的地方。所以，马蜂对蜂巢的保护措施非常强，不允许外界任何敌人入侵自己的家园。如果自己的蜂巢不小心遭受到外界的攻击，蜂群马上会发起进攻，而马蜂蜇人时能够释放出一种特殊的气体，一旦入侵者被一只马蜂蜇过，其他的马蜂会循着这种气味纷纷前来，对入侵者进行轮番攻击。而马蜂的毒针中含有蚁酸和神经素，当这些物质进入人体内，便会引起灼热、红肿甚至局部痉挛，所以，千万记住，马蜂窝绝对不能捅。

小博士趣闻

为什么蜂巢是六角形的

蜂是宇宙间最令人敬佩的建筑专家。它们用最少的材料（蜂蜡），建造最大的家园（蜂房）。蜂房呈正六角形的建筑结构，密合度最高，所需材料最简，可使用空间最大，其致密的结构，各方受力大小均等，且容易将受力分散，所能承受的冲击也比其他结构大。如果蜂巢呈圆形或八角形，会出现空隙；如果是三角形或四角形，则面积会减小，所以在这些形状中六角形是效率最好的。

姬蜂是如何养家糊口的

姬蜂对生儿育女所倾注的热情和爱心不亚于动物界任何其他种类。当它们猎杀到食物（毛虫、蜘蛛、甲虫等）后，仅将猎物轻轻刺伤后运送到洞穴中，然后在猎物身上的某一固定部位产下一个或多个蜂卵，以便使孩子们一醒来就能摄取到丰富的养分。一旦螫针刺入猎物体内就会触及到它的神经节，仅射入一滴毒汁（麻醉剂），猎物便瘫痪了。

姬蜂真的很温柔、善良吗

　　姬蜂看起来温柔、善良，但是，它们全部成员无一不是靠寄生在其他类昆虫体上生活的，是这些小动物的致命死敌。它们的寄生本领十分高强，就连躲藏在厚树皮底下的昆虫也难逃其手。所幸姬蜂中大多数种类是寄生于农、林害虫体上，可以消灭各种各样的害虫。不论哪一种姬蜂，它们在幼虫时期都要在其他类昆虫的幼虫体内生活，以吸取这些寄主体内的营养，满足自己生长发育的需要。正是由于姬蜂的寄生，寄主最终被掏空身体而一命呜呼。姬蜂为了让自己的下一代能在寄主体内寄生，真是各有各的本领。比如，柄卵姬蜂产出来的卵上都有各种不同式样的柄，这种柄起着固定卵的作用。

熊蜂蜇人后也会死去吗

熊蜂与蜜蜂相似，它们的腹内也有贮蜜囊，采集到的花蜜可以装入蜜囊带回巢内。在它们腹部的末端具有毒腺和尾针，也能蜇人，是防御和攻击的主要武器。但在用尾针蜇击时却与蜜蜂有所不同，熊蜂能将尾针拔出，可以连续地蜇刺，而自己却不会死亡。

熊蜂有什么样的采食技巧

熊蜂为了采集一种茄属植物的花粉，它必须先用上颚抓紧花朵，然后靠胸肌的收缩使花朵震颤，把花粉从管状花药上震落到自己身体腹部的腹面，然后再从那里把花粉送到花粉筐中去。在采集野玫瑰花粉时，熊蜂先在浅杯状的花朵中抓住一组花药，将花粉抖落，然后再去摇动另一组花药，最后才把花粉从自己体毛上刮下来。为了采集乌头属植物的花蜜，熊蜂必须越过花药，钻到花朵的前部，然后从由花蜜容器演变而成的两片变态"花瓣"的顶部吸食花蜜。

熊蜂授粉优势

增产显著：熊蜂授粉提高果菜产量，优于其他任何授粉方法。提高品质：熊蜂授粉力强，授粉率高，授粉后果实个体大小均匀一致，且果形好，无畸形果，从而提高果菜产品市场售价，增加收益。省时省力：授粉工作由熊蜂完成，不需任何劳力。蜂箱内配备3个月的食物，放入温室后，无需任何管理。提高生态环境效益：传粉昆虫取代激素授粉，减少了激素造成的污染，提高了果菜品质，保护了生态环境，有益于身体健康。

黄蜂会酿蜜吗

我们常常听见有人把自己比作"辛勤的小蜜蜂",可从来不曾听到"我是一只辛勤的小黄蜂",为什么呢?难道黄蜂不会酿蜜吗?其实不是。黄蜂不但会酿蜜,而且还是一群野蛮的"侵略者"。每年蜜蜂酿蜜的时候,黄蜂为了霸占蜜蜂的劳动成果——蜂蜜,便会向蜜峰发起猛烈攻击。而且,雌黄蜂的身体内长有一根长长的螫针,与体内的毒腺相通,一旦遭受到外界攻击,就会群蜂全体出动发动反攻之势。其毒液非常厉害,被蜇者往往会出现过敏或中毒现象,严重时甚至会导致死亡。所以,在人们眼里,黄蜂是一种极其凶恶的蜂类。

为什么说杜鹃蜂既懒惰又凶残

说起杜鹃蜂，也许很多人都不知道它的样子。其实它长得和蜜蜂很相似，只不过身上的茸毛比蜜蜂要厚一些，体形要粗壮一些，和蜜蜂为同一大家族。听其名，就知道杜鹃蜂和杜鹃鸟有某些相同之处，两者都既不筑巢，又不育雏，一贯采用强盗的手段，凶残地将别人家的"女主人"杀害，将巢占为己有，甚至还要役使人家的家庭成员为自己抚育子女。每当杜鹃蜂快要产卵时，便四处寻找丸花蜂的巢，一旦找到，它便强行闯进去用毒刺将蜂王杀死，将蜂巢占为己有，然后在巢内产下自己的卵。而那些丸花蜂工蜂，对杜鹃蜂的凶残行为竟毫无察觉，还以为这些卵是自己的同胞，仍然像往常一样细心抚育着，而杜鹃蜂的后代一旦长大便离巢独自闯荡去了。

为什么说金小蜂的产卵器非常厉害

金小蜂善于捕捉红铃虫。金小蜂的尾部有一个产卵器，它能把卵产到红铃虫的茧中蛹内或体内。它见到红铃虫的茧，先用头上的那对触角敲打几下，就能马上辨别出是新茧还是陈旧的茧。找到合适寄主的茧后，先用触角扫试一下，然后用腹部下比针还细的产卵器刺破茧壁伸进去，用劲猛蜇茧内的蛹或虫体，并且迅速分泌出一种麻醉液将红铃虫麻醉。金小蜂把红铃虫或它的蛹刺死后，并不把产卵器拔出来，而是在里面搅动，待产卵器管周围分泌出一种乳白色而透明的胶液，形成了一条由茧皮直通红铃虫或蛹体内的细管后，才慢慢地把产卵器拔出来，用嘴挨着管道，吸取其中的体液。然后，就把卵寄生在红铃虫或蛹体内。金小蜂的幼虫就靠着红铃虫或蛹体内的养分生活。七八天以后，小蜂长大，就咬破茧皮飞出。

切叶蜂的切叶量

通常情况下,每只切叶蜂在地下或木头的空洞里可以造30个蜂房,所需的椭圆形叶片至少达1000张。

为什么切叶蜂要切树叶

在深秋季节,人们往往可以看到有些植物的叶子被挖了一个个的洞,这些洞呈椭圆形。这到底是谁干的呢?毫无疑问是切叶蜂所为了。切叶蜂的雌蜂整个身躯就像一支圆规,它把后脚停在叶子上当作圆心点,然后转动身体在叶子上按圆周方向不停地画圈,同时用两个锋利的大颚在叶子上挖洞。这些洞的大小如西瓜籽大小,而且洞的大小和位置非常有规律。切叶蜂把成叠的叶子运到地下或木头的空洞里面,筑成一排排蜂房。在这种由剪下来的叶子重叠而成的椭圆形"住宅"里,切叶蜂贮藏了花蜜和花粉,安逸地产卵过冬。

揭秘自然界的昆虫王国

雌蜾蠃是如何处理猎物的

雌蜾蠃在野外发现蛾类的幼虫后，便立即飞过去，先咬住幼虫的头部，然后用尾部的长针状的产卵器为猎物刺上一针。不一会儿，幼虫便无力挣扎，昏睡了过去。这时，蜾蠃将"俘虏"放在一旁，自己钻进巢里先进行清理，然后把"俘虏"拖进巢内。就这样，一遍又一遍，巢里贮藏了若干蛾类的幼虫后，雌蜾蠃准备将巢口封闭起来，于是再次出门搜集泥土。那些被麻醉的幼虫只是神经被麻痹，不能动弹，但不会腐烂，也不会死去。雌蜾蠃的幼虫一出世，就可以享受新鲜的美味大餐了。

雌蜾蠃的幼虫

当雌蜾蠃的幼虫孵化出来后，便会从管壁上掉下来，正好落在一堆蛾类幼虫的中间，于是它们很快地爬上幼虫的身体，并用口针刺向幼虫的体内来吮吸体液。

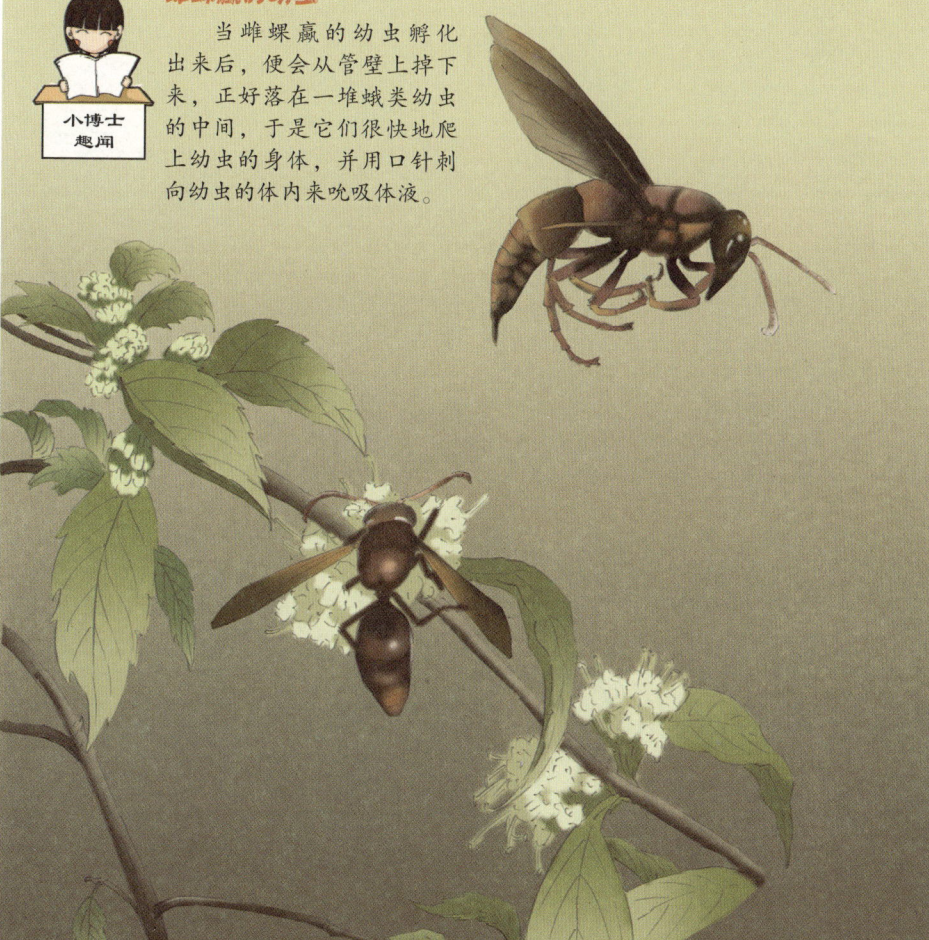

为什么称蜻蜓为昆虫界的捕虫高手

蜻蜓是自然界眼睛最多的昆虫。蜻蜓的眼睛又大又鼓,占据着头的绝大部分,且每只眼睛又由数不清的"小眼"构成,这些"小眼"都与感光细胞和神经连着,可以辨别物体的形状大小。它们的视力极好,而且还能向上、向下、向前、向后看而不必转头。此外,它们的复眼还能测速。当物体在复眼前移动时,每一个"小眼"依次作出反应,经过加工就能确定出目标物体的运动速度。这使得它们成为昆虫界的捕虫高手。

小博士趣闻

为什么蜻蜓是昆虫中的飞行冠军

蜻蜓每小时能飞行100千米,有的能连续飞行几十千米不着陆。它们飞行时能向前,能倒退,能上,能下,能悬空不动,比直升飞机还灵巧。蜻蜓高超的飞行能力与它们身体的构造有关。它们胸部有发达的飞行肌,身体内部能供给足够的能量。它们的身体里还分布着无数微小的气管,保证有足够的氧气,所以它们才飞得那么快。

揭秘自然界的昆虫王国

蜻蜓为什么要用尾巴点水

其实，蜻蜓点水是在产卵。蜻蜓虽然是生活在陆地上的昆虫，它们的幼虫却生活在水里。为了繁衍后代，它们必须选择在有水的地方产卵，受精卵要在水中才能孵化。于是蜻蜓用尾巴点水的方法把受精卵排到水中，卵在水中会附着在水草上，不久便孵出幼虫。蜻蜓的幼虫叫做水蚕，有三对足，没有翅膀，所以只能生活在水里。大约一年时间，当它们长出翅膀后，便沿着水生植物的枝条爬出水面，成为展翅飞翔的蜻蜓。

雄蜻蜓为什么要"咬尾巴"

雄蜻蜓由于它的交尾器生在腹部第二、三节上，而生殖孔却在第九腹节，所以在进行交尾前，先要把精子从第九节的生殖孔移到第二节的阳茎囊中，于是就出现了"咬尾巴"的现象，但它不会吃尾巴。

小博士趣闻

蜻蜓是益虫还是害虫

漂亮的大蜻蜓广受孩子们的青睐。它们是有名的除害能手，是当之无愧的益虫。它们给人类的生活以很大帮助，不但对人的健康有好处，而且对农作物的丰产，也能起到很大的作用。

蜻蜓的食量更是大得惊人。它属于肉食类昆虫，那些令人讨厌的蚊子、苍蝇和其他一些有害的小昆虫，都是它们的美味佳肴。尤其那种绿色大蜻蜓（俗称"青头楞"），一天能痛痛快快地消灭掉约2000只蚜虫。此外，它们也非常喜欢吃一些小飞蛾。它们为人类消灭了大量的害虫，所以人类要保护好它们。

为什么快下雨时蜻蜓会飞得很低

通常在下雨之前，空气中的湿度很大，蜻蜓在飞翔的时候，一遇到潮湿的水气，翅膀往往会被打湿，所以，才会看见蜻蜓低飞。而此时，也正是蜻蜓捕捉猎物的好时机。尽管蜻蜓的飞翔能力很强，但由于沾湿的身体较重，也就很难像往常般地在较高处飞，而只能做低空飞翔。

揭秘自然界的昆虫王国

豆娘的外貌特征有哪些

豆娘身体细长，复眼发达，生于头两侧，咀嚼式口器，触角刚毛状，前后翅形状相似，翅脉中室四方形，翅翼生有翅柄，与蜻蜓同属蜻蜓目。由于豆娘的体态优美、颜色鲜艳，且其翅膀颜色多变，所以备受国内外昆虫爱好者的青睐。

小博士趣闻

豆娘爱在哪里产卵

由于豆娘水虿生活在水中，因此多数雌虫习惯停在水边石块、杂物上，或水面植物上将卵依附产下。少数情况则是在急流小溪石块边或杂物上潜水产卵。

49

豆娘与蜻蜓有什么区别

虽然豆娘与蜻蜓外形酷似，但仔细一瞧，仍可分辨两者之间的差异。体形纤细的豆娘，栖息时，习惯将它那两对大小、形状相同的翅膀合并叠竖于体背上。而蜻蜓体形较粗壮些，在休息时它那两对大小不一的翅膀则展开平伸于身体两侧。蜻蜓的飞行速度可是一流，有别于慢慢低飞的豆娘。

小博士趣闻

豆娘为什么又称为"水乞丐"

豆娘的稚虫是在水中生活，以水中的小动物为食。辨认豆娘稚虫，其最明显的特征是下唇特化成的捕获器，很像面罩，但也像沿街托钵的乞食者，因此乡间常戏称之为"水乞丐"。

金蝉为什么要脱壳

在蝉的身体表面有一层比较坚硬的皮,这层皮使体内物质不外流,又能防止外界有害物的入侵。但是,这对蝉幼虫的成长很不利,它限制了幼蝉身体的长大。为了成长,蝉要经常脱壳。蝉的幼虫从地下出来,爬到树干、树枝或庄稼、草叶上,以便固定身体。蝉的脱壳集中在晚上9～10点,其余时间就比较少了。固定以后,身体就不动了,像死去一般。头部上方开始裂开一道口,身体慢慢向外出来。从裂口到完全出来大约需要1小时时间,脱壳以后,翅膀展开,身体是白色的且很柔软,暂时还不会飞。大约再过1小时,身体慢慢变黑,同时也具备了飞翔的能力。脱壳后的空壳就留在了原处。

为什么蝉只在夏天出现

蝉是一种生存对温度要求较高的昆虫，幼虫时代它们都是在较温暖的地下度过的，待成年后，它们就在炎热的夏季从土中爬出来，蜕去最后一层皮，舒展出翅膀，变成成虫，栖息于高高的树枝上。此时，蝉的最重要的任务莫过于繁殖后代，而在求偶时雄蝉要做的最重要的事情就是鸣叫。蝉鸣不使用嘴，在雄蝉腹部有专门的发声器官，靠震动鼓膜来产生响亮的声音，可传递1000米远。而雌蝉不会鸣叫，当它听到雄蝉的"召唤"之后，马上飞去，前来相会。完成交配，之后雄蝉悄然死去，雌蝉在产完卵后也会死去。要是说雄蝉是"伟大的歌唱家"，那么雌蝉就是名副其实的哑巴。

蝉是如何产卵的？

蝉的卵常产在木质组织内，幼虫一孵出即钻入地下，吸食多年生植物根中的汁液。一般经5次蜕皮，需几年才能成熟。雌虫数量多时，产卵行为会损坏树苗。

揭秘自然界的昆虫王国

斑衣蜡蝉为什么被称为"花姑娘"

斑衣蜡蝉在生长过程中,其体色变化很大。小若虫时,体黑色的,上面长有许多小白点。大龄若虫最漂亮,通红的身体上有黑色和白色斑纹。成虫后翅基部红色,很鲜艳,飞翔时非常漂亮。成虫、若虫均会跳跃,在多种植物上取食活动,最喜臭椿。分布于河北、山东、江苏、浙江、陕西、广东、中国台湾、北京、四川等地区。本种昆虫是一种药用昆虫,虫体晒干后可入药。

蜡蝉科的种类

蜡蝉科成员有种种名称,如樗鸡、光蝉、叶蝉等。这类昆虫在停息时,大都与环境融为一体。如果被搅扰,后翅上的眼斑会闪现以阻止捕猎者。蜡蝉将卵产于寄主植物上,由保护性的分泌物包围。

斑衣蜡蝉生存的气候条件是怎么样的

斑衣蜡蝉的生存与气候的关系密切。秋季干旱少雨，蜡蝉猖獗，常易酿成灾害。假如8～9月雨量较大，蜡蝉寿命大减，来不及产卵而死亡，来年危害将大大减轻。

为什么说斑衣蜡蝉是危害农业的高手

斑衣蜡蝉的危害对象很广泛，如樱、梅、珍珠梅、苹果、山楂、杏、李、海棠、桃、葡萄、石榴、臭椿、香椿、千头椿、地锦、月季等植物。其危害症状为，以成虫、若虫群集在叶背、嫩梢上，栖息时头翘起，有时可见数十只群集在嫩梢上，排列成一条直线；成虫、若虫刺吸嫩叶、枝干汁液，所刺的植物伤口非常深，并在枝叶和果实上撒下排泄物，导致蜜蜂及蝇舐食，易引起霉污病发生，严重影响光合作用。嫩叶受害常造成穿孔，导致叶片破裂，甚至树皮枯裂直至死亡。

揭秘自然界的昆虫王国

小博士趣闻

沫蝉的种类很多，是一种身长只有3毫米～6毫米的小昆虫，颜色朴素，生活在植物叶片上。它们有很好的保护色，所以不容易被发现。它常分泌一种泡沫状物，用来保护自己不至于干燥及免受天敌侵害，所以又称为吹泡虫。

为什么说沫蝉是昆虫界第一跳跃者

　　沫蝉的栖息地十分广泛，遍布全球各地，但一直不被人重视。最近，英国剑桥大学的生态学家发现，沫蝉后腿内存有大量的肌肉，就像一个弹弓，可以在一毫秒时间内释放出储存在肌肉里的能量，跳跃到70厘米的高处。这相当于人跳200米那么高。相对于自身长度而言，沫蝉的跳跃高度已经超过了先前人们普遍认同的昆虫界的跳高冠军跳蚤。

为什么蝉是最长寿的昆虫

蝉的受精卵在树枝内孵化出来以后,幼虫就从树上掉到地上,并钻到地里,它们在地里靠树根的汁液和泥土为生,要度过非常漫长的岁月,一般要两三年,长的要五六年。寿命最长的蝉当属美洲的一种蝉,寿命长达13~17年,直到它们在地下住够了,幼虫才从地下钻出来,用坚强有力的腿爬上树梢,脱掉浅黄色的蝉衣,变成有翅膀的成虫。蝉的一生绝大部分时间过的是暗无天日的地下生活,科学家认为,这种特殊的繁殖方法可以使蝉少受到鸟类等动物的攻击。

为什么知了的鸣叫声显得刺耳

蝉,又叫"知了"。会鸣叫的蝉是雄蝉,它的发音器就在腹基部,像蒙上了一层鼓膜的大鼓,鼓膜受到振动而发出声音,由于鸣肌每秒能伸缩约1万次,盖板和鼓膜之间是空的,能起共鸣的作用,所以其鸣声特别响亮,并且能轮流利用各种不同的声调激昂高歌。雌蝉的乐器构造不完全,不能发声,所以它是"哑巴蝉"。

揭秘自然界的昆虫王国

为什么泡沫蝉能产生泡沫

到了夏天，我们经常可以在草木丛中见到一团团的白色泡沫，这些泡沫是哪里来的呢？如果拨开泡沫，我们就会发现里面会露出个小虫来，那一团包在它身体外面的泡沫，就是它分泌出来的。这种会分泌泡沫的虫子叫"泡沫蝉"，它并不是蝉家族的一个成员。为什么"泡沫蝉"能产生泡沫呢？原来，它身体尾端的两侧有泡沫腺，能分泌出又稀又黏的液体；另外，在"泡沫蝉"的身体两侧有气门，能排放出气体；泡沫腺分泌出的液体，与气门排放的气体相互混合，就形成了气泡，气泡越来越多，最后形成一团团的。

"泡沫蝉"经常附着在树枝和草茎上，头朝下，尾部"吹"出的气泡渐渐向下蔓延，终于把"泡沫蝉"的身体重重包围住。这也是"泡沫蝉"幼虫的一个自我保护手段。

为什么没有虫草蝙蝠蛾就长不出冬虫夏草

虫草蝙蝠蛾是名贵的中药材冬虫夏草的本体虫，虫草蝙蝠蛾的幼虫在土壤中越冬时被虫草真菌侵入体内，真菌在幼虫体内不断生长，幼虫体内组织被破坏，最终幼虫死亡残留外皮，菌丝充满整个虫体变为菌核。第二年春夏交替之季，天气变暖菌核开始萌发，从虫草蝙蝠蛾幼虫的口或头部长出一根有柄菌座冒出地面，似直立的小草，因此没有虫草蝙蝠蛾，就不可能长出冬虫夏草。但是，虫草蝙蝠蛾和蝙蝠没有丝毫关系。

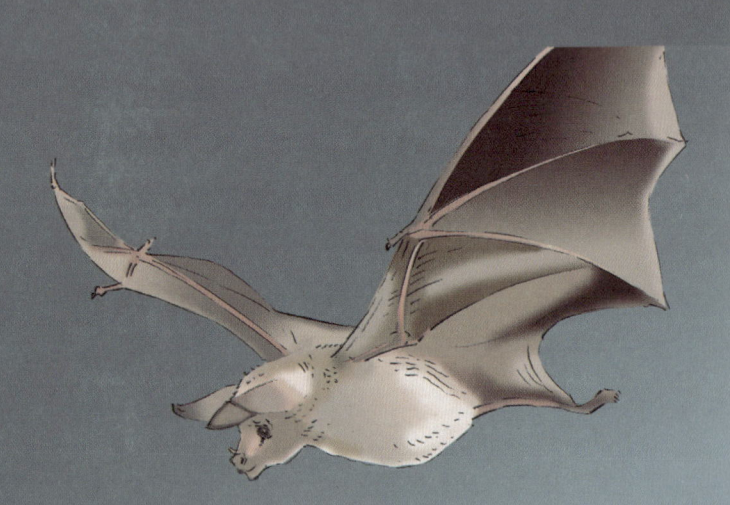

虫草蝙蝠蛾幼虫生活习性

虫草蝙蝠蛾幼虫并非每天采食，而是数天采食一次，每采食一次饱餐一顿后体重会增加很多，而平时就算食物在身边也不会积极进食。

揭秘自然界的昆虫王国

为什么虫草蝙蝠蛾被称为"黄金草"

从外形上看，冬虫夏草虫体呈金黄色、淡黄色或黄棕色，又因价格昂贵而有"黄金草"之称。因其药用价值高，功效好，在国内外被视为珍品，市场需求量大，但因其天然资源量稀少，价格十分昂贵。

小博士趣闻

冬虫夏草的形成过程是怎么样的

从冬虫夏草的形成过程来看，就是蝙蝠科许多种别的蝙蝠蛾为繁衍后代，产卵于土壤中，卵之后转变为幼虫，在此前后，冬虫夏草菌侵入幼虫体内，吸收幼虫体内的物质作为生存的营养条件，并在幼虫体内不断繁殖，致使幼虫体内充满菌丝，在来年的5～7月天气转暖时，自幼虫头部长出黄色或浅褐色的菌座，生长后冒出地面呈草梗状，就形成我们平时见到的冬虫夏草。因此，虽然兼有虫和草的外形，却非虫非草，属于菌藻类生物。冬虫夏草可作药用，也可作为调补的食品。

苍蝇是如何进食的

苍蝇的进食方式与其他昆虫不同，它的消化方式为"体外消化"。进食时，苍蝇先把唾液吐在食物上，待食物溶解并转化成营养物后，再伸出长长的吸管饱餐一顿。同时，苍蝇几分钟就要排一次便。所以，它常常在进食时，要边吃、边吐、边拉。苍蝇的消化道工作能力极强，当食物进入消化道后立即进行处理，通常在7～11秒内就可以将营养物质全部吸收完毕。

小博士趣闻

所有的苍蝇都是大坏蛋吗

生活中似乎人们一提起苍蝇，就对它们恨之如骨。其实，并不是所有的苍蝇对人类来说是大坏蛋。比如常怯寄蝇，它们经常活动在十字花科菜地里，整天忙碌着帮助人们消灭那些危害蔬菜的害虫呢。常怯寄蝇比家蝇稍大，周身灰黑色且多毛。胸部背面有浅白色条带，腹部背面各节基部有两个半月形白斑。

揭秘自然界的昆虫王国

为什么苍蝇能够帮助解决飞行器的难题

在科学家的眼里，苍蝇似乎很受青睐。科学家发现，苍蝇的飞行技巧十分高超。它不仅能够灵活自如地交替做各种运动，如直飞、静飞、急转等，而且在盘旋翻飞时还能保持身体的高度平衡。科学家们通过实验研究，结果发现，在苍蝇翅膀的后方下侧，长着一对棒形的小东西，昆虫学上称为"平衡棒"。原来是它控制着苍蝇的飞行。这对棒形小东西是苍蝇后翅退化的痕迹。所以，昆虫学家把它们列为双翅目昆虫。千万别小看这对平衡棒，尽管它只有一个针头那么大，与后翅的作用比起来，它的作用更奇妙。苍蝇在飞行中，这对平衡棒的振动频率为每秒330次，起定位和调节作用。当飞机或火箭在高速飞行的过程中，极易出现滚翻和倾斜。科学家从苍蝇的平衡棒受到启发，并依据平衡棒原理，研制出了陀螺仪，使它们在高速旋转时表现出特殊的物理性质，即定轴性和动物性，提高了飞行器的飞行稳定性，并使它沿着一定的方向导航。

苍蝇的繁殖力特别强

小博士趣闻

苍蝇的繁殖力特别强，在温暖的环境中，苍蝇从卵到蝇蛆再到成虫，其生命周期为8～12天。实际上，从4～8月，2只苍蝇交配总共能产出191,010,000,000,000,000,000个后代。说得再明白一点，整个地球将会被这些苍蝇覆盖达14米厚。

● 孩子最感兴趣的十万个为什么 ●

果蝇存活期

在不供给食物的情况下，果蝇可存活50小时左右，在不供给水的情况下，果蝇无法活过一天。蛹期果蝇在正常生活周期下5天可取食其体重3~5倍的食物，雌果蝇在产卵期每日可取用与其体重等重的食物。果蝇成虫的食物内需有醣类，而蛹期果蝇只依赖酵母即可生存。

小博士趣闻

为什么果蝇是遗传学实验的好材料

果蝇为果蝇科果蝇属昆虫，约1000种，是人类研究得最彻底的生物之一，也是最为常见的模式生物之一。果蝇分为白眼和红眼两类，白眼属于基因突变的结果，是位于X染色体的隐性遗传。果蝇被广泛用作遗传和演化的室内外研究材料，有关果蝇的遗传资料比其他动物都多。果蝇的染色体，尤其是成熟幼虫唾腺中最大的染色体，是研究遗传特性和基因作用的基础。其在遗传学研究中发挥着巨大而不可替代的作用。

为什么食蚜蝇善于模仿

食蚜蝇成虫在早春出现，于春夏季盛发，性喜阳光，常飞舞花间草丛或芳香植物上，取食花粉、花蜜，并传播花粉，吸取树汁。成虫飞翔力强，常翱翔空中，或振动双翅在空中停留不动，或突然作直线高速飞行而后盘旋徘徊。食蚜蝇本身无螫刺或叮咬能力，但常有各种拟态，在体形、色泽上常模仿黄蜂或蜜蜂，且能仿效蜂类作螫刺动作。如体大、被毛，具黄黑斑纹的属模仿熊蜂，并能发出像蜜蜂一样的"嗡嗡"声。而且食蚜蝇成虫腹部多有黄、黑斑纹，不少种类有明显的拟态现象，往往被误认为是蜂。

蜂很强大，腹末有刺，不好惹；食蚜蝇由于像蜂，从而对自己起到保护作用。

为什么舌蝇会使人昏睡

中非舌蝇是冈比亚锥虫的主要携带者,该锥虫所致的昏睡病遍布西非和中非。东非舌蝇是罗得西亚锥虫的主要携带者,该锥虫所致的昏睡病常见于东非高原。东非舌蝇也携带可致牛马非洲锥虫病的病原体。昏睡病是由寄生在人和动物血液中的锥虫引起的。锥虫是单细胞的鞭毛虫,虫体侧面有波浪状的波动膜。当它在血液中大量繁殖时,锥虫的身体变得细长,当宿主抵抗力增强时血中锥虫数量减少,此时大部分锥虫的身体变得短粗。

在锥虫侵入人体的早期,是寄生在淋巴液和血液中,引起人体大部分的淋巴结肿大、脾肿大、心肌发炎。经过数年,到了晚期,有的经2~4周就侵入人体的脑脊液,发生脑膜炎,病人出现无欲状态,震颤、痉挛,最后嗜睡以至昏睡,一般2年左右死亡。当舌蝇吸了昏睡病人或病兽的血,锥虫进入蝇的肠内大量繁殖,然后向口部转移,进入唾液腺内,舌蝇再次叮人时,锥虫随其唾液进入人体。

揭秘自然界的昆虫王国

突眼蝇的眼睛长在什么地方

昆虫的眼睛各种各样，有的出奇地大，有的出奇地小；有的是一对单眼，有的是由几万个小眼组成的复眼。不过，不管这些眼睛多么奇，多么怪，绝大多数是长在昆虫头壳表面的。然而世界之大，无奇不有，有一种昆虫的眼睛不是长在头壳上，而是长在头上伸出的两根长柄上。这两根长柄的长度，竟然超出它身体长度的1.5倍，不知道的人看到它的这双怪眼，还误认为是它头上的触角呢。这种长有怪眼的昆虫就以怪眼而得名，叫做"突眼蝇"。

为什么石蝇能使用"击拍语"

石蝇的飞行能力不强,多数无法长距离飞行。它们一般栖息于溪流、湖畔等附近的树干上、岩石上或堤坡缝隙间,部分植食性,取食植物嫩芽,但食量不大。雄石蝇的求爱方式很特别,它会用腹部末端敲击附着物,产生击拍的声音信号,招引雌石蝇前去约会。未交配的雌石蝇会识别这种独特的"爱情"信号,在听清这是同一种类的"情郎"正在向自己求爱时,雌石蝇才会作出回应。雌雄石蝇便在地面、杂草和树枝上进行交配,繁殖后代。

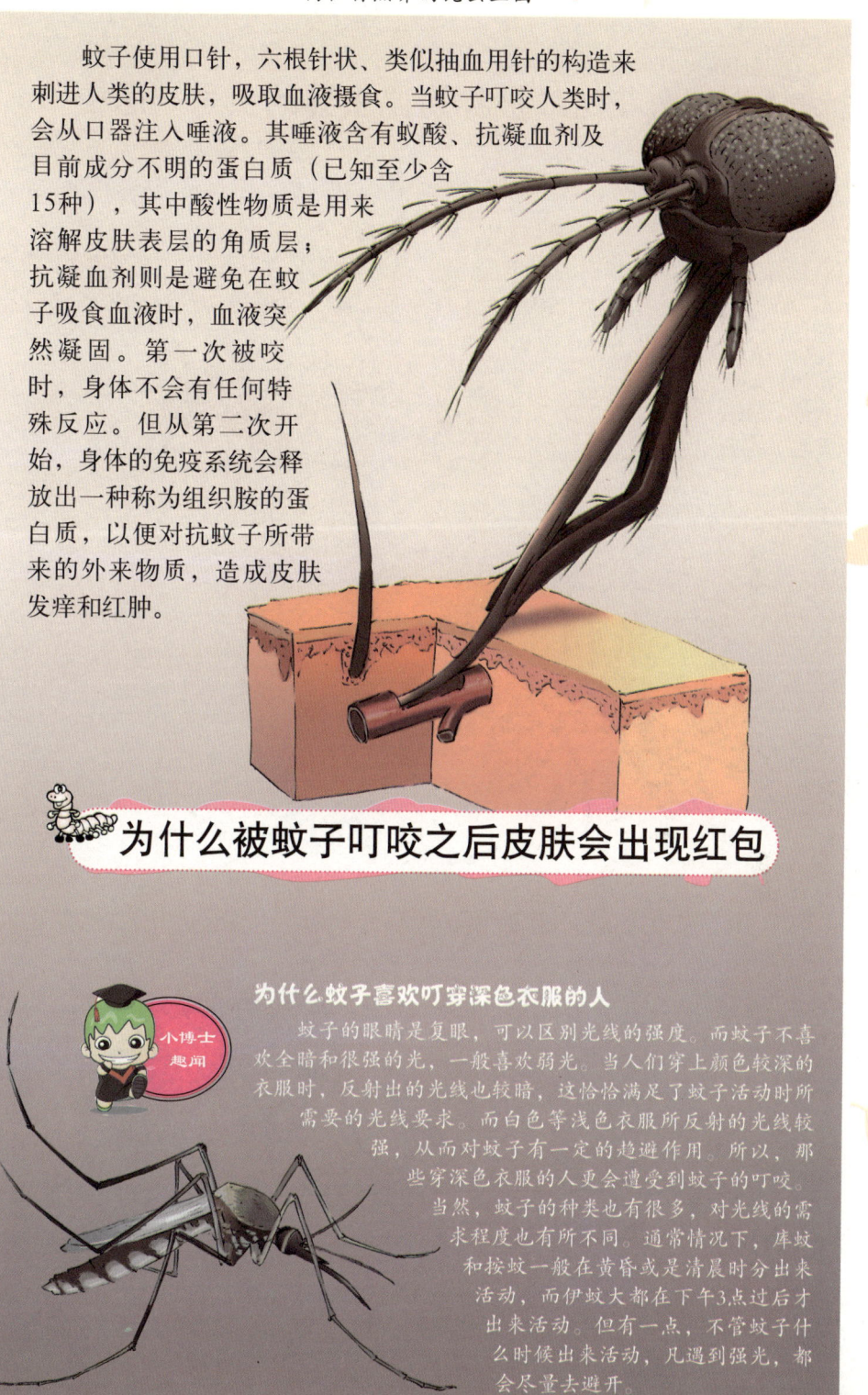

蚊子使用口针，六根针状、类似抽血用针的构造来刺进人类的皮肤，吸取血液摄食。当蚊子叮咬人类时，会从口器注入唾液。其唾液含有蚁酸、抗凝血剂及目前成分不明的蛋白质（已知至少含15种），其中酸性物质是用来溶解皮肤表层的角质层；抗凝血剂则是避免在蚊子吸食血液时，血液突然凝固。第一次被咬时，身体不会有任何特殊反应。但从第二次开始，身体的免疫系统会释放出一种称为组织胺的蛋白质，以便对抗蚊子所带来的外来物质，造成皮肤发痒和红肿。

为什么被蚊子叮咬之后皮肤会出现红包

为什么蚊子喜欢叮穿深色衣服的人

蚊子的眼睛是复眼，可以区别光线的强度。而蚊子不喜欢全暗和很强的光，一般喜欢弱光。当人们穿上颜色较深的衣服时，反射出的光线也较暗，这恰恰满足了蚊子活动时所需要的光线要求。而白色等浅色衣服所反射的光线较强，从而对蚊子有一定的趋避作用。所以，那些穿深色衣服的人更会遭受到蚊子的叮咬。

当然，蚊子的种类也有很多，对光线的需求程度也有所不同。通常情况下，库蚊和按蚊一般在黄昏或是清晨时分出来活动，而伊蚊大都在下午3点过后才出来活动。但有一点，不管蚊子什么时候出来活动，凡遇到强光，都会尽量去避开。

为什么花斑蚊被称为昆虫界的头号"恶棍"

蚊子种类繁多，常见的有按蚊、伊蚊和库蚊。它们形态各有特色，很易识别。按蚊又称疟蚊，叮人时身体如钉，可垂直扎入人畜皮肉。库蚊又称家蚊，叮咬时身体与触面平行。伊蚊又称花斑蚊，身体黑白相间，即使在光天化日之下也能猖狂攻击人畜，可传播多种烈性传染病。因此，有人称它为昆虫世界的头号"恶棍"。

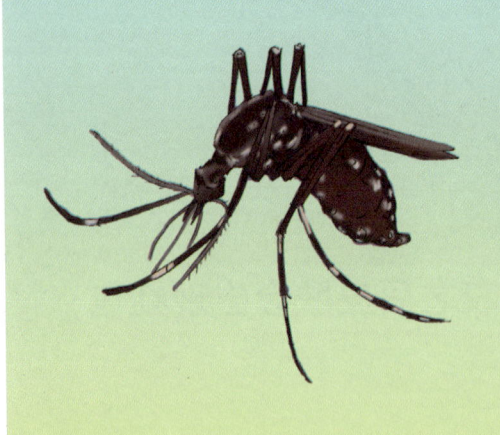

花斑蚊具有高超的飞行本领

花斑蚊还很擅飞。一般蚊子飞程仅有数十至数百米，最远不过1000～2000米。花斑蚊却能连续飞行5000～6000米，而且十分敏捷，可随心所欲地进行俯冲、急转弯、前后滚翻、突然加速或减速等高难度动作。有一种花斑蚊在雨中飞行时，竟然能躲开所有雨点，待抵达目的地时，身上居然没有一点儿水珠。

蚂蚁为什么不会迷路

蚂蚁的视觉灵敏度很高，凡是它们见过的物体，甚至陆地上的景物，都会成为它们辨别回巢的路标。除此，它们还会在自己爬过的地盘上留下一种特殊的气味，循着这种气味，在回巢的时候它们就不会迷路，从而能准确地回到自己的"家"。有时，这种气味被人为地破坏了，蚂蚁仍能利用来回道路上的天然气味来辨别回家的方位。即使气味被倾盆大雨破坏掉了，只要留下一丝可利用的线索，蚂蚁仍能准确无误地找到自己的巢。

蚂蚁为什么要搬家

任何人或者动物都需要一个舒适的生存环境，蚂蚁更是如此。蚂蚁不喜欢生活在太潮湿的地方，它们对蚁巢湿度的要求很高。每当要下雨时，空气湿度很大，蚁巢也会变得湿润起来，蚂蚁在这个时候就会倾巢出动，把家搬往更干燥的地方。另外，如果蚁群数量增多，导致蚁巢附近食物短缺，或者是蚁巢附近出现了危情，蚂蚁也会搬家。它们通常都选择在夜晚或者阴天搬家。

揭秘自然界的昆虫王国

蚂蚁为什么力大惊人

蚂蚁身体极小，可是它有很大的力气。它所举起的重量，竟差不多是它身体重量的100倍。咦，这是为什么呢？为此，科学家进行了大量的实验研究，终于揭晓了这个"谜底"。

原来，蚂蚁脚爪里的肌肉是一个效率非常高的"原动机"，比航空发动机的效率还要高好几倍，因此能产生相当大的力量。我们知道，任何一台发动机都需要有一定的燃料，如汽油、柴油、煤油等。而供给"肌肉发动机"的是一种特殊的燃料。这种"燃料"并不燃烧，却同样能够把潜藏的能量释放出来并转化为机械能。不燃烧也就没有热损失，效率自然就会大大提高。这就是说，在蚂蚁的脚爪里，藏有几十亿台微妙的小电动机产生动力。

为什么蚱蜢是跳高能手

在昆虫界，有许多小昆虫似乎都妒忌这位跳高能手——蚱蜢。它在不需要助跑的情况下，能跳过相当于自己身长约20倍的高度。似乎造物主手下的蚱蜢原本就是专为跳跃而设计的。它的两条后腿非常长，而且特别有劲。另外，你可别小看它的后腿上半部的肌肉，这些肌肉鼓起且相当厚实，里面储藏着大量的能量，并能迅速地释放出来。当蚱蜢准备跳跃时，它的4条小腿有力地将身子前半部高高撑起，后腿弯曲，然后突然伸直，把自己高高地射向空中。

揭秘自然界的昆虫王国

蚁蛉有什么样的捕杀技巧

蚁蛉，蚁蛉科昆虫的通称，这类昆虫触角短，等于头部与胸部长度之和，末端膨大。形态与豆娘很相似，翅狭长，翅痣不明显，有长形的痣下翅室。大多数种类在地面或埋伏沙土中等待猎物，或在地面追逐猎物。有些种类通过陷阱捕获猎物，幼虫隐藏在漏斗状的陷阱的底部，取食掉进陷阱中的蚂蚁和其他昆虫，所以幼虫称蚁狮。幼虫行动是倒退着走，故又叫"倒退虫"，可入中药。我国常见的有蚁蛉、中华东蚁蛉等。

黄猄蚁是如何织巢的

黄猄蚁的织巢过程十分奇妙,一般在树冠向阳处营巢,它一旦选好营巢的地点,就把身体伸展在树枝或叶片上,然后收缩身体拉紧枝叶。若间距太远,它们就各自上下连接,形成活的"蚁桥",把相邻的枝叶拉近。另一些黄猄蚁则口含自己群体的老熟幼虫,迫使其在叶缝或枝条间吐丝,缀合、粘牢而成为蚁巢。蚁巢因依附在树木枝条上而成不规则状,一般为圆球型,较大的蚁巢纵径可达68厘米。在织巢过程中,蚁群虽然出动千军万马,声势浩大,但工作起来井然有序,丝毫不乱。这种把幼虫当作梭子来织巢的方法,是低等动物中社会合作最明显的例子,所以黄猄蚁又称织巢蚁。

揭秘自然界的昆虫王国

为什么收获蚁善于寻觅种子

生活在北美及地中海一带的农蚁，又叫收获蚁，由于栖息地较干燥，食物来源很少，它们就在雨季中采集成熟的植物种子储备起来，以供干旱缺粮时充饥。农蚁中的工蚁采到坚硬的种子后先将其咬碎，然后运进蚁巢，放在蚁巢上层的"仓库"里。另有一些工蚁在巢内做深加工的工作，将种子嚼烂，混合上唾液，使淀粉在酶的作用下转变成糖分，最后做成香甜的饼或团子，储藏在蚁巢里，作为旱季的粮食。对于未嚼烂而发芽的种子，工蚁会将其搬到巢外的土堆上，让其生根发芽，成长起来，当它的种子成熟以后，农蚁再去收获。

白蚁为什么能吃木头

小博士趣闻

白蚁的肠子里寄居着一种低等的原生动物，叫做超鞭毛虫。超鞭毛虫能分泌出一种酶，这种酶能分解木质纤维，能使白蚁将木质纤维消化并吸收，所以，白蚁能够将木头都吃掉。

白蚁和蚂蚁有亲戚关系吗

白蚁和蚂蚁虽然通称为"蚁",但事实上它们是完全不同的两种昆虫。白蚁属于昆虫纲等翅目,在分类上更接近于蟑螂;而蚂蚁属于昆虫纲膜翅目,在分类上与蜜蜂一样。除了分类不同,白蚁和蚂蚁在形态、习性等方面还存在着许多差别。白蚁大多为灰白色的,而蚂蚁多为黄色、褐色或黑色;白蚁的前翅和后翅大小几乎相等,而蚂蚁的前翅要比后翅大许多;白蚁活动时需要有一条固定的路线,而蚂蚁则没有固定的方向;白蚁不储备粮食,而蚂蚁则有储存粮食的习惯。

蚂蚁筑巢

蚂蚁一般都会在地下筑巢,地下巢穴的规模非常大。它有着良好的排水、通风措施。一般工蚁负责建造巢穴。出入口大多是一个拱起的小土丘,像火山那样中间有个洞,同时还有用来通风的洞口。巢穴里的每个房间都有明确的分类。潮湿温暖的土壤是它们的最爱。

揭秘自然界的昆虫王国

切叶蚁是如何切光树叶的

切叶蚁生活在美洲的热带丛林中,它的双颚非常强大,就像一把锋利的剪刀。工蚁们经常群体出动,爬到粗壮的大树上,将树叶剪切下来,再叼回巢穴。有时候它们能在一夜之间把整整一棵大树的树叶全部剪切光。

剪叶时,工蚁蜷缩起腹部,用那锋利的双颚将树叶切成指甲般大小的碎片,然后衔着碎叶片,排成整齐的长队往自己的巢穴中搬运。有时队伍长达几百米,携带着那片高高的树叶,看上去就像一支浩浩荡荡的游行大军,在丛林中行进。如果前面出现障碍,它们就会绕道而行,但是行进队伍仍然井然有序。

孩子最感兴趣的十万个为什么

红火蚁致死的病例

小博士趣闻

2004年10月20日，中国台湾地区传出首起因红火蚁致死的病例。新光医院收治一名桃园老妇人，它在遭火蚁咬伤后出现呕吐，被送入医院后，一天之内就死亡。新光医院肾脏科医师江守山指出，老妇人是一名洗肾患者，她在家自行洗肾时，手部遭火蚁咬伤后大量细菌污染到洗肾管，再感染到腹腔，最后导致腹膜炎不幸死亡。

红火蚁为什么令人恐惧

红火蚁天生具有强烈的攻击性，只要人一接近，它们就会群体扑上来，同时叮咬袭击目标。进攻时，它们用自己的大颚夹住人的皮肤，再使劲刺入毒刺，其毒刺往往比它们的身体还要长。一旦毒刺刺入皮肤，它们便反复转动，并注入蚁酸。

红火蚁在亚洲地区并无天敌，而且这里气候温和，很适宜它们的繁殖。据统计，每一个蚁穴中可以生存大约50万只红火蚁。它们所到之处，会吃尽蚯蚓、鸟蛋等动物性食物，甚至吃光植物的种子、果实、幼芽等。而且为了构筑蚁丘，还会咬烂各种电器设备，如变压器、发电机、电脑等。

揭秘自然界的昆虫王国

蜜罐蚂蚁是如何酿蜜的

用蜜罐蚁腹中的蜜制成的名酒

墨西哥人用蜜罐蚁腹中的蜜，经发酵制成一种酒，已成为名酒。蜜罐蚁生活范围极广，可以在地下找到它们的踪影，但是在荒野比较少见。它们还可以变换身体的颜色，常见的有绿色、红色、橘红色、黄色和蓝色。

小博士趣闻

　　地球上的蚂蚁种类繁多，生活习性和外形也大不相同。有的生活在干燥的沙漠，有的蜗居在潮湿的雨林。而世界上最奇怪的蚂蚁非蜜罐蚂蚁莫属。蜜罐蚂蚁因为外形像拖了一个大大的蜂蜜罐子而得名。每当大雨过后，植物会分泌大量的花蜜，这在干燥的沙漠地带可是不可多得的美食。蜜罐蚂蚁铆足了劲来吸取花蜜，直到身体要被撑爆为止。饱餐后的蜜罐蚂蚁能达到一颗葡萄粒大小！待到食物短缺时，其他蚂蚁就以这些储存的花蜜为食，而蜜罐蚁的身体也会收缩到正常水平。它们用这样的方式为同伴贮存食物，同样也为人类保存美食。据说一些当地人很爱食用蜜罐蚂蚁，放到嘴里就像吃葡萄一样。

蚁狮是如何哺食的

蚁狮属脉翅目，蛟蛉科，成虫与幼虫皆为肉食性，以其他昆虫为食，幼虫生活于干燥的地表下，形状似沙和尚的头。它们会在沙地上一面旋转一面向下钻，在沙上做成一个漏斗状的陷阱，自己则躲在漏斗最底端的沙子下面，并用大颚把沙子往外弹抛，使得漏斗周围平滑陡峭。当蚂蚁或小虫爬入陷阱时，因沙子松动而下滑，蚁狮会不断地向外弹抛沙子，靠流沙将受害者推进中心，然后蚁狮就用大颚将猎物钳住，并拖进沙里将它吃掉。

蚁狮的药用价值很高

蚁狮还有很高的药用价值，可用于治疗多种疾病。《本草纲目》称蚁狮为"沙接子"。

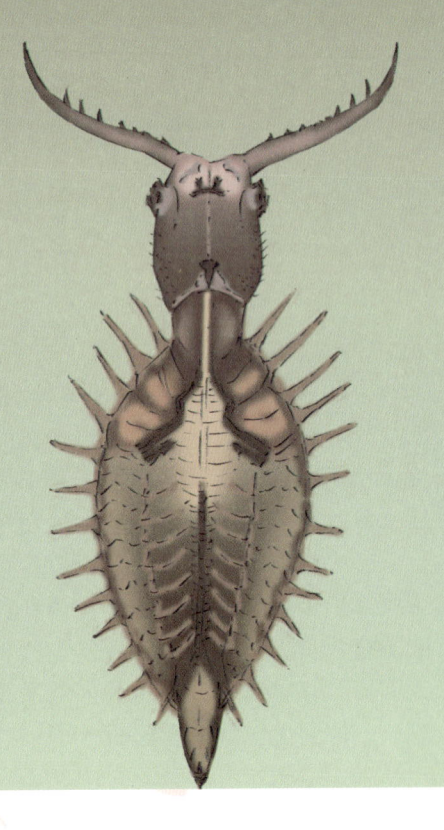

● 揭秘自然界的昆虫王国

为什么行军蚁总是迁移

行军蚁是一种过着游牧生活的食肉类蚂蚁。它们并没有固定的居住地点，以迁移而著称。而且它们的行军队伍常高达2000万只，为野生昆虫世界的一大奇观。它们是热带雨林中最为壮观的扫荡者，是所向无敌的霸王军。行军蚁中的兵蚁两颚非常厉害，足可以把大型动物的厚皮一点一点地咬开，并能在数小时内把正在酣睡中的大蟒吃得仅剩下骨架。

行军蚁的生活史

行军蚁的生活史，可依据其生殖周期大体划分为两个时期，即定居期和游猎期。在定居期，行军蚁驻守在一个固定的宿营地，过上约3周较稳定的生活。此时，蚁群会产下大量的蛹。到定居期中期，蚁后的腹部便大了起来，比平常大5倍，随后开始产卵。卵孵出幼虫后，紧接着羽化出新的工蚁，而成千上万只新的工蚁突然出现就会刺激行军蚁的迁移本能，于是，大军便从宿营地开拔，进入游猎期。

为什么黑蚂蚁被称为"微动物营养宝库"

我国是食用黑蚂蚁和药用黑蚂蚁的故乡,食用黑蚂蚁在我国已有三千多年的历史。黑蚂蚁是一座供给人类营养的"微型动物高级营养宝库"和"天然药物加工总厂",是人类健康的益友。黑蚂蚁是动物王国的大力士,它能举起超过自身体重几百倍的东西,能拉动相当自身重量几千倍的物体,这就是蚁醛所发挥的作用。蚂蚁体内的蛋白质含量是牛奶的16倍,鸡蛋的38倍。它比鱼、肉、蛋所产生的热量高6倍之多。蚂蚁体内含有苏氨酸、苯丙氨酸、缬氨酸、蛋氨酸、赖氨酸等19种氨基酸,其中包括人体必需的8种氨基酸,蛋白质含量高达45%～57%;并含有多种维生素、微量元素、特殊类化合物、生物活性物质;此外,还有特殊的抗生素,因此,号称"微动物营养宝库"。

珍贵的黑蚂蚁

古代《周礼》(约公元前1066-公元前256年)记载,蚁子酱曾列为帝王御膳佳品。明朝医药学家李时珍著《本草纲目》(公元1596年)记载:"交广溪峒间首长,多取蚁卵,淘净为酱……非珍贵不可得也。"

为什么说大齿猛蚁是攻击速度最快的昆虫

大齿猛蚁又被称为"诱捕颚蚁"，在自然界食肉性动物中它的上下颌是闭合速度最快的。有研究记录显示，其上下颌闭合速度可达126,230千米/小时。它能在0.13毫秒内合嘴咬中猎物，比人类眨眼的速度还要快2300倍。不仅如此，遇到危险时，大齿猛蚁合嘴时产生的力量还能把自己带至8厘米的"高空"，并落在40厘米外的安全地带。

鼎盛的蚂蚁王国

蚂蚁的历史悠久，源远流长。从波罗的海沿岸捡到的嵌着蚂蚁遗骸的琥珀化石来看，蚂蚁至少有4500万年的历史，事实上它们的祖先可以追溯到1亿多年前的中生代。随着环境和历史的变迁，躯体庞大的恐龙早已灭绝，而身躯细小的蚂蚁依靠集体的力量生存、繁衍，而今已成为一个鼎盛的王国，其数量在上百万种陆生动物中首屈一指。

毛虫是怎样变成蝴蝶的

毛虫和其他许多昆虫一样，一生要经历一个变化的过程。蝶的幼虫从一个小小的卵开始生长，孵化成长长的、蠕动的幼虫，称为毛虫。随后，毛虫贪婪地吃着树叶，迅速地长大，当长到足够大的时候，它就做一个完美的"容器"把自己包裹起来，这时称为蛹或者茧。蝴蝶就在里面完成变态过程，成为成虫。成虫破蛹或茧而出，等到翅膀晒干后，就可以翩翩起舞了。

揭秘自然界的昆虫王国

小博士趣闻

为什么蟋蟀总是爱斗架

蟋蟀生性孤僻，一般情况下都是独立生活，绝不和别的蟋蟀住一起（雄虫只有在交配时期才和另一个雌虫居住在一起），它们彼此之间不能容忍，一旦碰到一起，就会咬斗起来。

蟋蟀为什么会在深夜不停地鸣叫

在宁静夏夜的草丛中常常会传来一阵阵蟋蟀的鸣叫声，时而婉转低吟，时而清脆悠扬，这是蟋蟀在"唱歌"。其实，蟋蟀夜歌大致有五种含义。其一，在不受任何干扰的环境下，蟋蟀的鸣叫声怡然自得，音色清纯悦耳。其二，如果蟋蟀遭受到同类的侵扰时，则会以激越短促的警戒声来吓走对方。其三，如果两只雄蟋蟀相遇，则会发出具有挑衅性的鸣叫声，以彰显自己的雄威。其四，当雌雄同穴时，雌蟋蟀会唱出动听的"情歌"向雄蟋蟀求爱，音调清幽，音色清丽优雅，就像乐队中的贝斯奏出的乐曲，情深深，意绵绵。其五，当雌雄两性进行交配时，常会发出愉悦的"嘀铃……嘀铃……"的"凤求凰"爱情曲。

蝗虫是怎么冠上害虫之名的

古往今来，蝗虫曾无数次肆虐成灾，导致人类流离失所，饿殍遍野。如1889年，在红海附近发生过的蝗灾，成群的蝗虫飞行时，宛如一片片移动的乌云，倾刻会将阳光吞噬掉，使大地变得一片昏暗。据估计，这次蝗虫的总量约2500亿只，总重量足达55万吨，如果用火车来托运它们，至少需要1万多节车厢才能装下。1944年，太行山区发生的蝗灾，那些落地的蝗虫竟厚达二尺，俨然一个蝗虫的王国。

揭秘自然界的昆虫王国

为什么蝗虫总是成群出行

蝗虫喜欢成群活动。它们不管是飞在空中，还是栖息在地面上，总是成群结伙，很少离群索居。这与它们的生活习性，尤其是产卵习性有很大的关系，同时也是环境影响的结果。雌蝗对产卵场所有比较严格的要求，一般以土质坚硬，有相当的湿度，而且阳光能够直射进来的地方为优先选择。在田野里能符合这种条件的地区非常少，因此它们往往在一个面积不太大的范围内，大批地集中产卵，再加上产卵区域温、湿度差异很小，使卵孵化规划整齐，使得蝗虫的幼虫从一开始就形成了相互靠拢、互相跟随的生活习性。

小博士趣闻

为什么雌蝗虫能够在坚硬的土壤中产卵

雌蝗虫能够在坚硬的土壤中产卵，是因为它们的腹部后端有两对坚硬的产卵瓣——背瓣和腹瓣。它们利用这两对硬瓣在地面上以张合伸缩的力量，把土壤向四旁分开，钻成孔道，并逐渐向下深入，最后几乎把整个腹部插入土中。雌蝗虫腹部插入土壤里，插得较浅，卵块多斜躺在表土中；土壤干燥时，腹部插得深，卵块和土面多呈垂直状态。

为什么螳螂具有准确而又快速的扑击本领

螳螂传递信号的秘密武器主要有两个：一个是复眼，另一个是它颈前的几丛感觉毛。螳螂的复眼由上百个晶体状单眼组成，是它的视觉器官，也是个特殊的速度计。螳螂的双眼虽然不会转动，但是头部却十分灵活，可以朝任何方向转动。当猎物进入它们的视线内，复眼就将信号传递给大脑，随后头部开始正面对准猎物。在螳螂跟踪猎物时，头部的转动压缩一丛感觉毛，由于形状的改变，从感觉毛传到大脑的是另一组信号。大脑的神经系统得到两种互有差别的信号后，立即做出决定，包括双臂应该朝什么方向，用什么速度去袭击猎物等。

拟态高手

螳螂特别善于伪装自己，常常把自己伪装得同环境很协调，体形像叶片、细枝、地衣、花朵等，它们经常漫步在草丛与树林之间，虽然行动缓慢，却是一流的伏击高手。

小博士趣闻

为什么雄螳螂会被自己的妻子吃掉

提起昆虫世界的"小霸王",则非螳螂莫属。为什么呢?因为螳螂非常凶猛,特别是螳螂刚交配完毕,雌螳螂就会翻脸不认人,会将自己的丈夫毫不留情地吃掉。雌螳螂真的如此残忍吗?不是的。这是因为在自然环境中,雌螳螂为了孕育下一代所需要的蛋白质,仅仅依靠自己捕捉来的食物是远远不能满足的。为了产出质量达标的卵,孕育出更健康的下一代,雌螳螂只好忍痛牺牲自己的丈夫来满足自己所需要的养分。但是,当雌螳螂产卵之后往往也会筋疲力竭而死去。其实,它们都是为了自己的后代而弃生命于不顾的。

为什么螳螂是益虫

螳螂属于昆虫纲有翅亚纲螳螂科,是一种大中型昆虫,头呈三角形且活动自如;前翅皮质,为覆翅,缺前缘域,后翅膜质,臀域发达,扇状,休息时叠于背上;腹部肥大;前足腿节和胫节有利刺,胫节镰刀状,常向腿节折叠,形成可以捕捉猎物的前足。也正因为如此,它们借助于前腿两排锐利的锯齿,能够轻轻松松地捕捉到害虫,如苍蝇、蛾子、蝴蝶、蚱蜢和蝗虫等。一只螳螂在两三个月中,能吃掉700多只蚊子。

另外,有的螳螂还具有保护色,并有拟态功能,体色与其所处环境相似,借以捕食多种害虫。其中,南大刀螂、北大刀螂、广斧螂、中华大刀螂、欧洲螳螂、绿斑小螳螂等是我国农作物、林木、果树以及观赏植物害虫的主要天敌,所以螳螂也是受人保护的一大益虫。

兰花螳螂主要掠食哪些食物

凡对螳螂目有所了解的昆虫爱好者，自然会记住这种最漂亮最抢眼的螳螂——兰花螳螂。它们的步肢演化出类似花瓣的构造和颜色，可以在兰花中拟态而从不被猎物察觉，最适合螳螂守株待兔的掠食方式，为最高明的掠食者之一。兰花螳螂的掠食本领似乎是天生具有的，它们极爱捕食活的昆虫，如苍蝇、蜘蛛、蜜蜂、蝴蝶、飞蛾等。又因兰花螳螂主要是在兰花上等待猎物上门，所以它们捕食的对象多半也是围绕花朵生活的小型节肢动物、爬虫类或鸟类。另外，它们对人工环境的适应能力也较强，平常可以喂食果蝇或小蟋蟀，成体则以蚱蜢、苍蝇和蟋蟀等为主食。

兰花螳螂产于东南亚的马来西亚热带雨林区，在不同种类的兰花中生长着各种颜色的兰花螳螂，它们有最完美的伪装，而且能随着花色的深浅调整自己身体的颜色。

为什么兰花螳螂是最"完美"的昆虫

兰花螳螂身体呈粉红色，它们的身体不但长得十分像花瓣，就连同那两只令人生畏的前足，也模拟得同花瓣非常相似，远远地看上去，就像一朵极其漂亮的鲜花。它们常常隐身于花丛中，至于哪个是花儿，哪个是虫，真是无法分辨。它们常常将一些采食花蜜的昆虫吸引过来，这些昆虫最终不得不葬身于这朵"鲜花"残忍的"屠刀"之下。

斑石蛉为什么被误认为是"变异的蜻蜓"

　　斑石蛉属脉翅目长角蛉科大型昆虫,端部膨大成球棒状,与蝴蝶触角相似,因此被称为蝶角蛉、长角蛉。斑石蛉复眼大而且突出,不少种类复眼被一条横沟分成两半,此为亚科的分类特征;头胸多生密长毛;足短小多毛,胫节有一对发达端距;翅膀多且呈网状,翅痣下无狭长翅室;腹部多狭长,有些种类雌虫腹部短浅。它们喜欢在白天活动,动作敏捷,触角细长,夜间有趋光行为,常被误认为是"变异的蜻蜓"或者"蜻蜓和蝴蝶的杂交种"。

蜘蛛是如何织网的

在蜘蛛的腹部有一个凸起，称为纺织器，里面能分泌出黏液，当这种黏液遇到空气后就会变成极细的丝，蜘蛛就是利用这些丝来织网的。织网时，蜘蛛先把吐出的丝固定在一个点，然后将自己吊在黏丝上，边吐丝边爬向对面的屋角或树枝上，用脚把丝固定在另一个点上。就这样，蜘蛛来回往返，重复着同样的动作，直到完全织成所有的竖丝。织完竖丝后，蜘蛛又会回到网的轴心点，沿着竖丝拉出轮轴，再用极细的、肉眼几乎看不见的丝绕过竖丝织出横丝。这块用细丝编出来的区域就是蜘蛛休息的地方。休息室建好后，蜘蛛便开始用粗丝编织捕捉区。捕捉区一旦织成，即一张精细的蜘蛛网便呈现在眼前了。有时候，蜘蛛为了让网更加牢不可破，还会在网下拉一条"保险丝"呢！

揭秘自然界的昆虫王国

狼蛛为什么被称为"冷面杀手"

　　狼蛛属节肢动物门、蛛形纲动物，能捕杀害虫，是有益动物。狼蛛的背上长着像狼毫一样的毛，而且有四只眼睛，在昆虫界有冷面杀手的称号。有的狼蛛的毒性很大，能毒死一只麻雀，大的狼蛛甚至可以毒死一个人。狼蛛也非常警惕，而且隐藏在沙砾上不容易被发现。

蜘蛛为什么不会被网黏住

蜘蛛之所以不会被网黏住，是因为蜘蛛网上的丝并不全是具有黏性的，它们在织网的时候已经牢牢记住了哪些丝不黏，哪些丝是黏的。所以它们在行走时，都要避开那些黏性的网丝。不过，有时候它们也会不小心而被网黏上，但是大可不必为它们担心，因为它们的足上可分泌出一种润滑剂，能使它们很快摆脱黏丝。

姬蛛是如何捕食猎物的

姬蛛，通称球腹蛛。全球已知1500种。体中、小型，因腹部多呈球形而得名。此类蜘蛛的主要特点为第4步足跗节下方有毛梳，毛梳是由一列带锯齿的毛组成。结不规则的乱网，蜘蛛背朝下停在网中央的下方，或在网一侧的裂缝中。有的在叶、石或疏松的树皮下结一小网。能由毛梳梳丝捆缚捕获物，然后螯孔吸食。姬蛛视力弱，雄蛛通过弹雌蛛网而寻找雌蛛。

揭秘自然界的昆虫王国

间斑寇蛛是如何捕食的

　　间斑寇蛛在网上常将枯草叶、虫尸、碎土等粘在一起，做成一小型的"掩体"，平时即隐藏在"掩体"下，腹部腹面朝上，倒悬于网上，待有昆虫落网，迅速从"掩体"下走出捕而食之。其猎食方法为：捕获到小型昆虫，直接吸吮，而对稍大的昆虫则先用丝捆缚，注入毒液，然后再吸食。当其受惊或遇敌害时，即迅速逃向网边或跌下网去，佯死，有时则钻进枯叶、缝隙或洞穴深处隐匿，待险情过后，再回到网上。

食鸟巨蛛为什么能发出巨大的声响

在所有蜘蛛中食鸟巨蛛发出的声音最大、最响。它们发出"嘶嘶"的声音远在3米之外都能听见,以此来吓阻掠食者。专家发现狼蛛的"嘶嘶"声是通过头前面用来抓取食物的两个前肢和用来走路的两对腿摩擦而发出的。声音听起来像是撕裂绸缎的声音,这是由于一组腿上的绒毛倒钩与另一组腿上的绒毛粘缠在一起,然后又相互撕开造成的。

食鸟巨蛛真的以鸟为主要食物吗

虽然它们被命名为食鸟巨蛛,鸟类却并不是它们的主要食物,它们更倾向于捕食昆虫和其他无脊椎动物,偶尔它们会吞食一些小型脊椎动物。通常情况下,食鸟巨蛛对人类并不构成威胁,如果人们干扰了它们的栖息环境,它们会蜇咬人类,其疼痛程度与黄蜂蜇咬效果相近。此外,它们还可以释放体毛让对方皮肤产生刺激反应。食鸟巨蛛是世界上体形第二大蜘蛛物种,它与狼蛛比较接近。该物种命名源自维多利亚女王时代探险家亲眼目睹它们尽情噬食蜂鸟的情景。

是不是所有的蜘蛛都会织网

在自然界中,并不是所有的蜘蛛都会织网捕猎。比方说,蚁蛛就是一种以游猎为生、靠巧妙的方法来捕食的蜘蛛。

蚁蛛的长相和身材与大蚂蚁十分相似,它经常模拟大蚂蚁的形态、习性和色彩,混入大蚂蚁的行列之中。平时,它四处游猎,像饿虎扑食一样捕食猎物。当天气开始变冷,猎物不太容易寻找时,它便混入警卫森严的蚁窝中。那些守门的兵蚁,尽管保持着很高的警觉性,但对于蚁蛛的来访却毫无知觉。蚁蛛常常暗中痛下毒手,吃掉一个又一个的蚂蚁。有时,它们甚至还敢钻进蚂蚁的活仓库——蚜虫的家中。蚜虫和蚂蚁是共生共荣的亲密朋友,而面对这个不速之客,认敌为友,最后这些蚜虫(蚂蚁的"奶牛")都会被蚁蛛当作美味吃掉。

水蛛为什么具有供氧装置

水蛛又叫银蜘蛛，是其同类的惟一叛逆者——生活在水的世界。当它们潜入水中时，全身长满的防水绒毛就会附着许多气泡，犹如进入了一个空气层封闭的套子里。这奇特的气罩使水蛛成了一个水银球，光彩照人。偶尔，它们腹部的末端还会露出水面，托起一个大气泡招摇过市。这些气泡群不仅是储氧器，还是一种制氧器——能不断地从周围的水中吸取氧气。这就是人们称之为"物理肺"的供氧装置。

水蛛对生存环境非常挑剔

水蛛具有陆生动物的肺，它却像鱼儿一样长期生存在水下。水蛛对生存环境非常挑剔，除了水质要清澈见底以外，另一个必须具备的条件是，水中需长有一种名叫"水绵"的植物。这种水生植物绿绿的，细如发丝，最长的可达2～3米。它是水蛛赖以"安家"的主要支撑材料。

蔽日蜘蛛是如何捕猎的

蔽日蜘蛛是一种长相极其凶恶的蜘蛛，与其他蜘蛛不同的是，它长有一个像大钳子一样的颚部。白天，这个锯齿状的"大钳子"是一种非常好的挖土工具，蔽日蜘蛛用它来挖掘洞穴。不过，蔽日蜘蛛的颚部并不是只有挖洞一个功能。夜晚，蔽日蜘蛛会躲在自己的洞穴里，静静等待猎物的到来。蔽日蜘蛛最喜欢的食物是甲虫，它们在抓到甲虫之后，大钳子就会发挥作用了。这个有力的钳子会狠狠地夹住甲虫，将甲虫坚硬的外壳压碎再碾碎，并使之化为浆状以助于消化。蔽日蜘蛛颚部的主要功能就是来捕食猎物。

最为离奇的蔽日蜘蛛

蔽日蜘蛛是最为离奇的无脊椎动物。它们奔跑时速能达到每小时10千米。它们不像捕鸟蛛那样新陈代谢极低，相反，它们的新陈代谢相当高。这些"怪物"捕食进食相当频繁，而且敢于捕食较大的猎物。它们看起来像大洋两岸的一种蜘蛛或者蝎子，但是它们没有毒腺，也没有毒牙或者毒针。为了弥补缺陷，它们拥有非常强大的颌骨。它们是沙漠里夜间的杀手之一，是典型的夜行性动物，但是它们仍然具有趋光性，灯光往往是它们送命的原因。

蟑螂卵能被踩死吗

用脚踩死大蟑螂后，它的卵并不能被踩死，因为卵太小，所以卵常粘在鞋底上，人走到哪里就会将卵带到哪里。

为什么蟑螂很难被捉到

提起或看到蟑螂，人们往往是恨得咬牙切齿。在夜深人静的时候，成群结队的蟑螂便会出来活动。不是啃咬衣物，就是偷吃食物。而且，它们在偷吃食物时还会边吃边吐，所分泌出的物质还会散发出阵阵恶臭，这些物质往往都是一些病原体的机械传播者。要想消灭它们，可不是一件容易的事情。只要灯光一亮，它们便逃之夭夭了。它们逃得如此神速，是因为蟑螂的触角相当灵敏，对光的敏感度极其高。除此，它腿关节上的小刺和尾部末端的尾须也是非常灵敏的感应器，哪怕极其轻微的动静，它们都能觉察到，从而迅速逃离现场。

揭秘自然界的昆虫王国

竹节虫是如何逃生的

竹节虫胸足的腿节与转节之间有缝，遇敌易断肢脱落，脱落后能再生。两性生殖时，雌雄尾部相接，头的方向相反，像延长的竹枝，这也是一种奇妙的拟态。竹节虫还有一手绝招：只要树枝稍有振动，它便坠落在草丛中，收拢胸足，一动不动地装死，然后伺机偷偷溜之大吉。

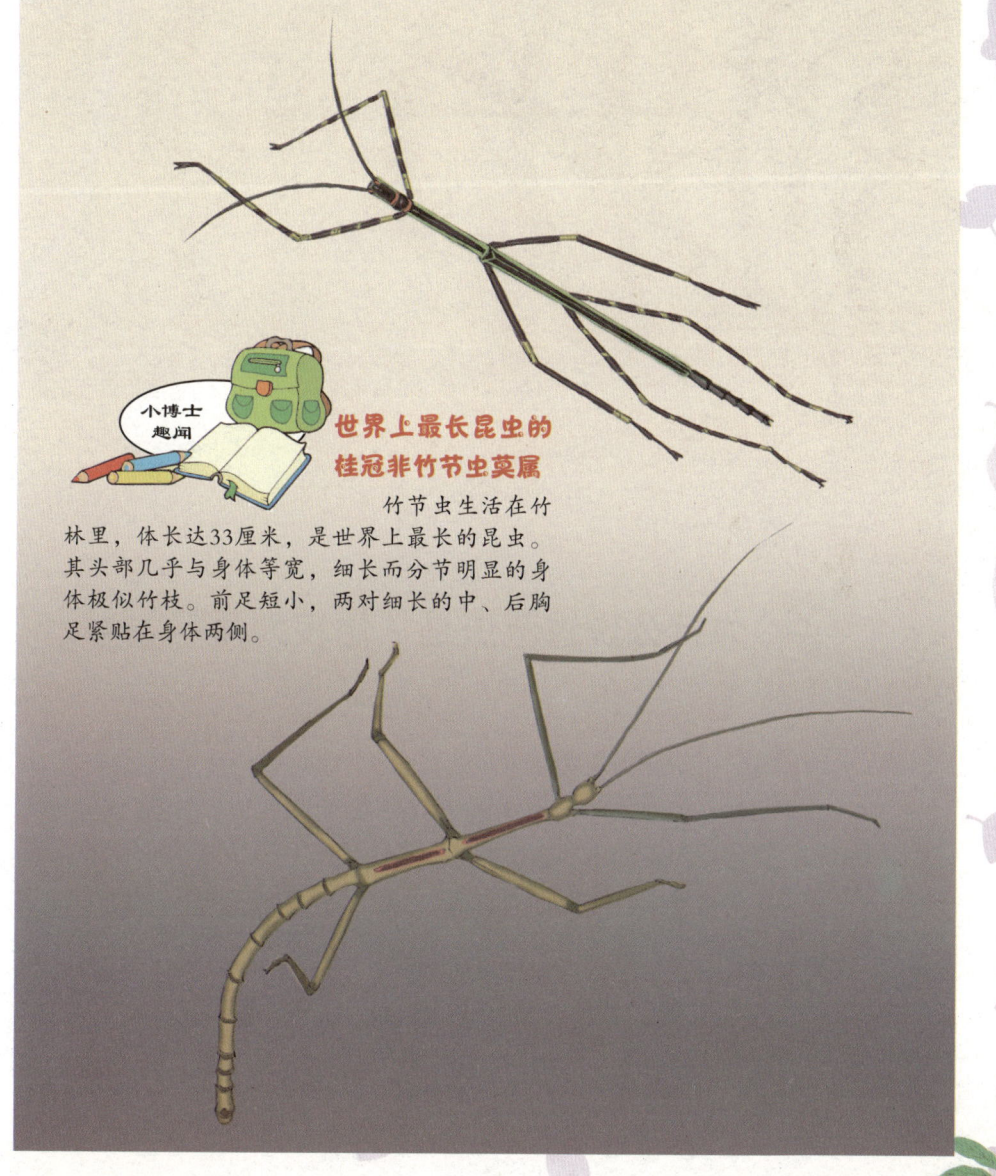

小博士趣闻

世界上最长昆虫的桂冠非竹节虫莫属

竹节虫生活在竹林里，体长达33厘米，是世界上最长的昆虫。其头部几乎与身体等宽，细长而分节明显的身体极似竹枝。前足短小，两对细长的中、后胸足紧贴在身体两侧。

为什么说竹节虫是"伪装大师"

　　竹节虫算得上著名的伪装大师,当它栖息在树枝或竹枝上时,活像一支枯枝或枯竹,很难分辨。竹节虫这种以假乱真的本领,在生物学上称为拟态。有些竹节虫受惊后落在地上,还能装死不动。竹节虫行动迟缓,白天静伏在树枝上,晚上出来活动,取叶充饥。而且竹节虫的身体颜色还会随着周围环境的变化而发生改变,有时呈绿色,有时是黄色,有时又会呈褐色。不仅如此,当周围的气温发生变化时,竹节虫的体色也会发生相应的变化:当气温升高时,它的颜色就会变亮;当气温下降时,颜色会变得阴暗起来。

揭秘自然界的昆虫王国

小博士趣闻

有了超级伪装的外衣，就万事大吉了吗？当然不是，对付敌人竹节虫还有自己的一套保命本领。在情况危急时，会断肢而逃，但并不影响它们行动的灵活性。有许多种类的竹节虫随时准备着断足求生，假如负伤逃脱的竹节虫尚未成年的话，断足一般都会再长出来，不过这种伎俩如果超过三次就会威胁生命。

竹节虫真的会跳舞吗

当感觉到脚步或音乐的振动时，竹节虫就会放松自己，扭动腰肢，闻声起舞，这当然只是某种意义上的跳舞，其实是模仿枝叶的摆动。微风吹过时它们会吃东西，不仅是为了跳起舞来更有活力，也是为了更安全。竹节虫的体形各不相同，最大的长度超过30.5厘米，是自然界最大的昆虫。

埋葬虫为什么要埋尸体

埋葬虫又叫锤甲虫，主要食物为动物的死尸。它们在很远的地方就能闻到动物尸体的气味，然后成群结队地飞过去刨动物尸体下的土，直到尸体埋入地下。埋葬虫为什么要埋葬尸体呢？原来这些尸体是它们最喜欢吃的美味。埋好尸体后，埋葬虫就会在尸体上产下许多的卵，等小埋葬虫一出世，就可以马上享受到父母为它们准备好的美餐——动物的尸体了。

埋葬虫值得人类去关注吗

在美国，埋葬虫由于数量急剧减少，如今已被列入濒危动物的名单，并且正在采取措施，使它们的数量不断增加，免于绝种。为此，许多人感到困惑不解。而世界野生动物基金会给出了最有力的回答："在地球上，所有的生命，不论是人类，还是老虎、斑鸠、青蛙，甚至是美丽的鲜花，这些物种的存在无不与地球的生存有着密不可分的关系。假如我们人类让它们陆陆续续从地球上消失，总有一天，我们人类也会面临灭顶之灾。"

为什么雄蝈蝈能够唱出嘹亮的歌声

蝈蝈别名聒聒、螽斯、螽斯儿，一年发生一代，以卵在土中过冬，成虫或若虫喜欢栖息于谷物田间或灌木丛中。喜食豆科植物的嫩茎与嫩果实。虽是害虫，但人们喜欢饲养它们，供作玩物。雌蝈蝈是个"哑巴"，但它们一听到雄蝈蝈嘹亮的歌声，便会与自己中意的"情郎"花前月下。雄蝈蝈是如何发出这么响亮的声音呢？原来，它是靠翅膀互相磨擦而发出声音。蝈蝈前翅的后缘折叠在背上，左翅叠在右翅的上面。它的前翅基部的翅脉发生变形：左翅下面的一条横脉变粗，横脉上有齿，很像小锉，叫做音锉；右翅上面的表面，刚巧在音锉的下面，形成尖的磨擦缘。在音锉的旁边有一个由翅脉构成的小框，框内的透明膜就是共鸣器。当它们鸣叫时，翅升起和分开，由一面到另一面进行振动，使磨擦缘与音锉发生摩擦。由于迅速振动，翅的外形变得模糊不清。由于翅的磨擦要发出很大的声音来，再加上共鸣器的作用（如同音响），所以声音极其洪亮，其声音在空旷的原野上能够传播到2000多米远。

孩子最感兴趣的十万个为什么

蠼螋为什么被称为"耳夹子虫"

蠼螋最奇特的是腹部后面有一对像大闸蟹那样的"钳子",所以给人几分毛骨悚然的印象。其实,蠼螋的"钳子"是一对角质化、非常坚硬的夹子,由腹部最后一节演变成,既可以发挥觅食的作用,还能当武器来对付入侵者。由于有些种类的蠼螋夹子的外形与古代妇女的耳环非常相似,所以又被称为"耳夹子虫"。

小博士趣闻

雌蠼螋如何守护自己的卵

雌蠼螋从产卵到卵孵化的这段时期,就像母鸡孵小鸡一样,时刻守护着自己的卵。在这之前,它们会将卵衔到一处,集中放在一起,然后不吃不喝地伏在卵堆上,保护着自己的卵。如果有敌人钻进巢穴,雌蠼螋马上会利用自己的"大钳子武器"来击退敌人。在力不从心时,则会急急忙忙地衔着卵,转移到安全的地方。

揭秘自然界的昆虫王国

小博士趣闻：蜈蚣的足是奇数还是偶数

英国凯特尔是一位"蜈蚣迷"。为了研究蜈蚣，他走遍了英伦三岛，收集了上千条蜈蚣标本，目的就是想搞清蜈蚣究竟有几对足，又是什么原因导致各种蜈蚣的足的数目不同。栖息于朽木或石隙中的蜈蚣属多足纲，体干由多环组成，每个环有一对足。一个世纪以来，世界各地共发现蜈蚣3000余种，足的数目从15对到191对不等。奇怪的是，在此之前发现的蜈蚣无论足的对数是多少但都是奇数对，一直没有发现一种蜈蚣有偶数对足。凯特尔的研究证实了蜈蚣足的数量不等，但是更重要的是他发现了偶数对足的蜈蚣。

蜈蚣到底有多少只脚

中国成语里有"百足之虫，死而不僵"之说，蜈蚣当真有百足吗？蜈蚣是大型唇足类多足动物，只有21对步足和1对颚足。平时所说的"钱串子"也是蜈蚣，只有15对步足和1对颚足；"石蜈蚣"也只有15对步足。还有些蜈蚣的步足又多又短，有35对、45对，最多的达到173对。一个世纪以来，世界各地共发现蜈蚣3000余种，足的数目从15对到191对不等。

为什么结缕黄又叫"油葫芦"

结缕黄之所以又叫油葫芦，主要有以下几个原因：一是它们的成虫爱吃各种油脂植物，如花生、大豆、芝麻等。二是它们全身油光锃亮，就像是刚从油瓶里捞出来一样。三是它们的鸣叫声，就像是油从葫芦里倾注出来的声音。

油葫芦的生活习性

油葫芦喜欢栖息在田野、山坡的沟壑和岩石缝隙中以及杂草丛的根部。它以各种植物的根、茎、叶为食，对大豆、花生、山芋、马铃薯、粟、棉、麦等农作物有一定的危害性。它白天隐藏在石块下或草丛中，夜间出来觅食和交配，雄虫筑穴与雌虫同居。当两只雄虫相遇时，与斗蟋蟀一样，会相互咬斗，有互相残杀的习性。

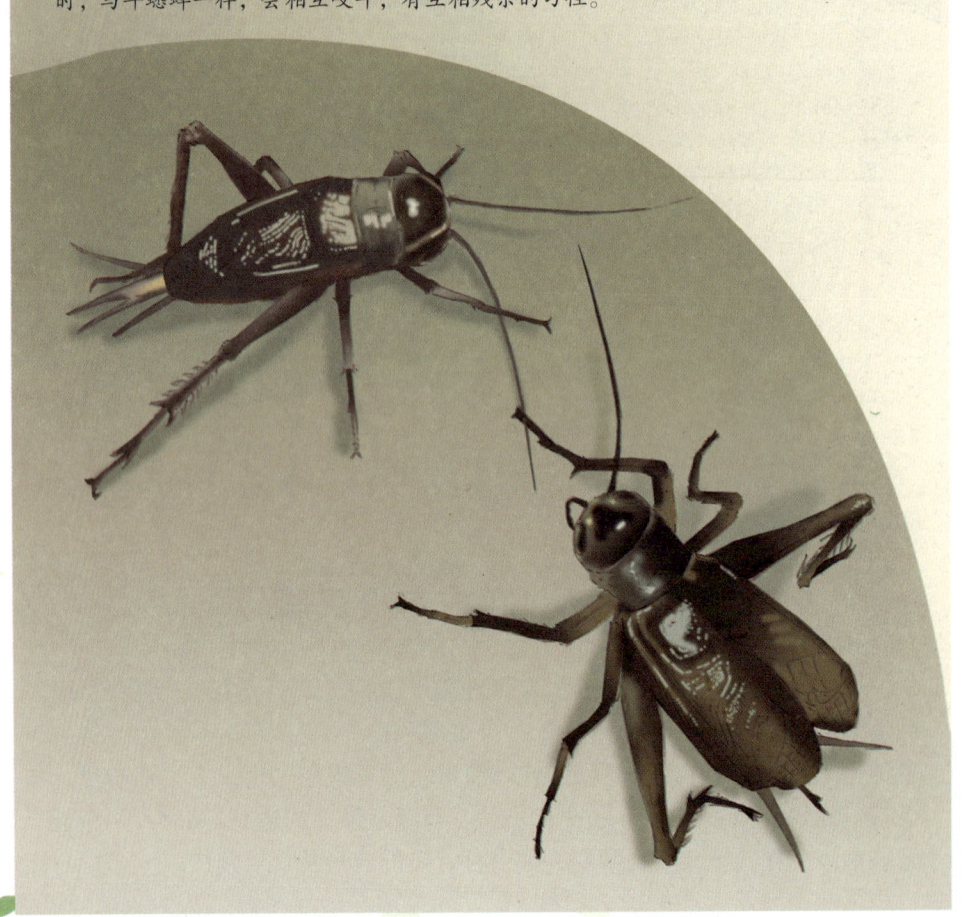

揭秘自然界的昆虫王国

纺织娘的名称来历是什么

纺织娘白天常常静伏在瓜藤枝叶或灌丛下部，黄昏和夜晚爬行至上部枝叶活动。在华东一带，8～9月可听到虫鸣。

纺织娘鸣声很有特色，每次开叫时，先有短促的前奏曲，声如"轧织、轧织、轧织……"可达20～25声，犹如织女在试纺车，其后才是"织、织、织"的主旋律，音高韵长，时轻时重，犹如纺车转动时发出的声音。如遇雌虫在附近，雄虫一面鸣叫，一面转动身子，以吸引雌虫的注意。纺织娘以杆物的花和嫩叶为食，并嗜食南瓜及丝瓜的花瓣。

如何鉴别纺织娘是否衰老

纺织娘是否衰老是可以辨别的，主要是以它的腹部颜色进行区别。腹部的颜色如果是绿色、绿白色或淡红色的，则是比较年轻的；而颜色发黄且失去光泽，则是比较老的。

纺织娘的体色

纺织娘有多种体色，有紫红、淡绿、深绿、枯黄等。紫红的比较少见，属珍贵品种，俗称"红娘"或"红纱娘"；淡绿色的称"翠纱娘"；深绿色的称"绿纱娘"或"绿娘"；枯黄色的称"黄纱婆"或"黄婆"。在这4种体色的纺织娘中，以紫红或淡绿色者最好，深绿者次之，枯黄者差些，但格调不同，各有情趣。

揭秘自然界的昆虫王国

为什么刺毛虫不会从树叶上掉下来

刺毛虫即刺蛾幼虫，俗称"洋辣子"，虫体全身有无数针状细毛，内含碱性毒液，其刺毛刺入皮肤，将毒液注入皮内而发病。刺毛虫的背上都有美丽的花纹，并有八撮对称的毒毛，边上有两行一撮撮的毒毛。肚子上面除了靠口器及尾末附近之外，中间有七个元宝形的当中凹下去的东西。刺毛虫利用身体收缩在树叶上蠕动，再依靠中间这种元宝形的东西吸在树叶上，不管树叶如何颤动，也不会掉下来。

洋辣子辣人后会死掉吗

洋辣子身上的长毛,有点像马蜂或者蜜蜂尾巴尖上的那根毒刺,不同的是,蜂类只有一根,它们却有好多根,而且蜂类失去尾刺也就丢掉了性命,而洋辣子辣了人后自己是不会死掉的。

为什么刺毛虫又叫"八角辣"

在刺毛虫身体背部的两边,从头到尾有八撮尖刺,那是真正的尖刺,没有长毛辣子的那样张扬,短短地,向外张开,看上去精悍许多,刺上人身,立刻就会红肿一片,会看见明显的黑点,伴随难忍的刺痛,过敏体质的人会有晕眩的感觉甚至会有生命危险,这真是"包子有肉不在褶上,尖刺有毒不在长上"。这种洋辣子因为有八撮这样的尖刺,所以它另外有个名字叫"八角辣"。

揭秘自然界的昆虫王国

为什么蜗牛会留下"足迹"

雨后，我们经常可以看到菜叶或树叶上有一条条闪光的白线，顺着这些线条，我们常会发现有蜗牛正悠闲地趴在线的一端。那么，为什么蜗牛走过的地方会留下"足迹"呢？原来，在蜗牛的脚上长有一种叫做足腺的腺体，足腺会分泌一种黏液，这种黏液有润滑的作用，可以减少蜗牛足部与地面的摩擦，帮助它们爬行。所以，凡是蜗牛爬过的地方，都会留下这种黏液。而黏液干了以后，就会形成一条条闪闪发光的白线。

为什么蜗牛能在刀刃上爬行

在蜗牛身上有不少令人费解之谜,蜗牛居然敢于从锋利的刀刃上从容地爬过去。蜗牛与众不同,全身没有骨骼,几乎都是肌肉,而且身躯柔软。这简直令人难以想象。原来在蜗牛的身体下面有一块十分有弹性的肌肉,它很发达,这就是蜗牛用来爬行的腹足。腹足很独特,随着肌肉不断伸缩,就能转移。当蜗牛爬行的时候,黏液分泌得很多,遍布足面,能够保护足面不受损伤,当蜗牛从刀刃上爬过的时候,是这种黏液给它护了驾,不然的话,它恐怕早就被"碎尸万段"了。

揭秘自然界的昆虫王国

为什么蜗牛爬行得很慢

有不少人会这样认为："蜗牛根本没有脚,它完全是靠移动腹部来爬行的。"其实,这种观点是错误的。蜗牛的足到底长在哪里,长得什么样子呢?我们不妨细看一下,原来在蜗牛的腹部生有一道宽而细的横褶,后端较尖,这就是它的"足"。蜗牛爬行时,用足紧贴在接触的物体上,由腹部肌肉做波状蠕动,所以爬行起来就极其缓慢了。

马陆是如何自我防御的

马陆，又叫千足虫。虽然无毒颚，不会螫人，但它也有防御的武器和本领。一受触动它就会立即蜷缩成一团，静止不动，或顺势滚到别处，等危险过了才慢慢伸展开来爬走。千足虫体节上有臭腺，能分泌一种有毒臭液，气味难闻，使得家禽和鸟类都不敢啄它。

马陆究竟有多少条腿

马陆属于多足纲动物。世界上最大的千足虫是赤马陆，可达30厘米长，身围直径有2.5厘米。身体黝黑光亮，有时还有红色条纹，被触碰后，它的身体会扭转成螺旋形。其实，它根本没有1000条腿。事实上，它的脚足不到200对，但这已经是一个不少的数目了。千足虫并不是一生下来就有这么多足的。出生的幼虫只有7节，蜕皮一次增至11节，有7对足；二次蜕皮后增至15节，有15对足；经过几次变态发育后，体节逐渐增多，足也就随之增加。

揭秘自然界的昆虫王国

角蝉头上的"高冠"有什么作用

角蝉是一种喜欢生活在树上的昆虫。当高冠角蝉停栖在枝条上时,它头上的那顶"高冠"很容易让人误以为是一截枯树杈。而三刺角蝉落在长有刺的树木上时,它那根向后伸出的刺混在其中,更让人难以分辨真伪。难以置信的是,当几只、十几只角蝉停栖在同一根枝杈上时,它们还会等距离排开,看上去就如同真正的小树杈一样。用这样逼真的拟态来伪装模仿周围的环境,以此角蝉就可以轻易地骗过敌害,保护自己了。

四瘤角蝉

四瘤角蝉的祖先已经在地球上生活了4000万年之久。它们巨大的球状眼睛由长在它们背上的多毛膨胀的球体控制,这些球体的大小和形状各不相同。

小博士趣闻

为什么吸浆虫是农业害虫

吸浆虫是一种毁灭性害虫，它对小麦生长和增产都有较大的危害。它有麦红吸浆虫和麦黄吸浆虫两种，一年一代或多年一代。如条件不适，土中幼虫可休眠7～12年。该虫从幼虫便潜伏在麦壳内，吸食正在灌浆的麦粒汁液或为害花器，造成秕粒、空壳，一旦大面积发生，轻则减产30%～40%，重则减产70%～80%，甚至绝产，对小麦的产量和品质影响很大。该虫虫体小，为害隐蔽，不易发现，容易错过防治时期。

揭秘自然界的昆虫王国

为什么毛毛虫外出觅食要集结在一起

毛毛虫之所以要集结在一起，排成一队，就是要外出觅食了。当然，每个队伍都会有个"队长"，这个"队长"是随机产生的，负责探路。因为它们都住在一个巢里，每天出外觅食后还会回到这个巢，如果分散觅食的话，会出现很多意外情况，导致幼虫不能回巢。而幼虫期正好处于秋冬季节，不能及时回巢就有冻死或被捕食的危险。所以，大家排成一队是最好的选择。

毛毛虫也会遇上倒霉的事情

有时候，排着长队的毛毛虫也会遇到倒霉的事情。看过《昆虫记》的人都不会忘记那个著名的实验：法布尔让一列毛虫爬上一个花盆的边缘，让它们开始绕圈。憨厚的毛虫整整在花盆上转了7天，一共168个小时，行军总距离453米，总共绕了335圈！最后还是靠一名饿晕了的毛虫偶然爬下了花盆，大家才得救。

毛毛虫靠什么来排成一队呢

毛毛虫靠什么来排成一队呢？昆虫学家法布尔认为是它们自己吐的丝。毛毛虫只要在爬，就无时无刻不在吐丝。不过，毛毛虫吐出的液体一遇到空气就变成固体的丝，粘在了地上。每条幼虫吐的丝会粘在一起，变成一条"丝路"。长长的丝路经过阳光的照射，还会发出耀眼的光芒。但是，近年来有研究显示，丝线并不是毛毛虫认路的依据。它们会一边爬，一边分泌一种"追踪费洛蒙"，大家据此来找到回家的路。毛毛虫还能分辨出新路和老路，并选择更多毛毛虫走过的那条路。丝线的主要作用就是避免毛毛虫在光滑的枝干上打滑。

为什么说蝼蛄是害虫

蝼蛄生活在土地下，吃新播的种子，咬食作物根部，对作物幼苗伤害极大，是重要的地下害虫。蝼蛄栖息于地下，通常夜间和清晨在地表下活动。潜行土中，形成隧道，使作物幼根与土壤分离，因失水而枯死。蝼蛄食性复杂，危害谷物、蔬菜及树苗。非洲蝼蛄在南方也危害水稻。在我国的台湾地区，蝼蛄主要危害甘蔗。据国外记载，某些种类还取食其他土栖动物，如蛴螬、蚯蚓等。

蝼蛄趣闻

蝼蛄能倒退疾走，在穴内尤其如此。成虫和若虫均善游泳，母虫有护卵哺幼习性。常栖息于平原、轻盐碱地以及沿河、临海、近湖等低湿地带，特别是砂壤土和多腐殖质的地区。

瓢虫为什么被称为"活农药"

瓢虫的形状很像用来盛水的葫芦瓢,所以叫它瓢虫。它的身体很小,只有一粒黄豆那么大,小甲虫像半个圆球那样长着坚硬的鲜艳翅膀,还点缀着黑色或红色的斑纹,讨人喜爱。七星瓢虫是著名的害虫天敌,成虫可捕食麦蚜、棉蚜、槐蚜、桃蚜、介壳虫、壁虱等害虫,可大大减轻树木、瓜果及各种农作物遭受害虫的损害,被人们称为"活农药"。

小博士趣闻

瓢虫的鞘翅

瓢虫有两层翅膀。外面的一层已经变成硬壳,只起保护作用,所以叫作鞘翅。鞘翅下面还有一层很薄的软翅膀,能够飞翔。瓢虫的种类繁多,鞘翅上的颜色和斑纹也很复杂。

揭秘自然界的昆虫王国

瓢虫是如何求生的

瓢虫有较强的自卫能力，虽然身体只有黄豆那么大，但许多强敌都对它无可奈何。它3对细脚的关节上有一种"化学武器"，当遇到敌害侵袭时，它的脚关节能分泌出一种极难闻的黄色液体，使敌人因受不了这种气味而仓皇逃走。它还有一套装死的本领，当遇到强敌和危险时，它就立即从树上落到地下，把3对细脚收缩在肚子底下，装死躺下，瞒过敌人而求生。

小博士趣闻

瓢虫为什么又称"天遁虫"

瓢虫爬行的时候，稳重、缓慢，当人们捉到它放在手心上，它会顺着手指向指尖爬去，然后，就张开翅膀飞走，向天空逃遁，所以日本人也称它为"天遁虫"。

125

所有的瓢虫都是人类的朋友吗

常见的瓢虫有二星瓢虫、六星瓢虫、七星瓢虫、十二星瓢虫、十三星瓢虫、赤星瓢虫、大红瓢虫等，它们都属于益虫，全是我们的朋友。这些瓢虫的幼虫也都能捕食蚜虫、介壳虫、壁虱等害虫和其他小虫类。只有十一星瓢虫和二十八星瓢虫属于害虫，是我们的敌人。还有一个简便的鉴别方法，就是凡是鞘翅的表面生得非常细腻，特别光滑，亮晶晶地闪闪发光的，就属于益虫。凡是鞘翅上生有密密麻麻的细绒毛的，就是害虫。

小博士趣闻

瓢虫的别名

因为瓢虫的形状很像用来盛水的葫芦瓢，所以叫它瓢虫。它的身体很小，只有一粒黄豆那么大。它是一种像半个圆球那样的小甲虫，坚硬的翅膀，颜色鲜艳，还生有很多黑色或红色的斑纹，讨人喜爱，在我国有的地区叫"红娘"，也有些地区叫它"花大姐"，又由于它生长得圆圆胖胖的，所以有的地区叫它"胖小儿"。

为什么独角仙的力量如此巨大

　　世界上最强壮的动物是一种叫做"独角仙"的昆虫,虽然它仅是一种小型昆虫,却能够搬动比自己身体重850倍的物体。它的神秘之处不仅于此,科学家一直对它的外壳变色功能颇感兴趣。目前,一项最新研究揭示了它奇特的外壳保护特性,并暗示利用这一特征可设计新型"智能材料",有效探测湿度变化。

为什么独角仙的外壳会变色

至于为什么这种昆虫会改变颜色,仍是一个未解谜团。一些研究人员猜测,这是一种保护措施,在夜晚雨林中湿度变大,独角仙为避免不被掠食动物发现,外壳也会变成黑色。其他人则认为,随着夜晚湿度变大,外壳变成黑色是为了使身体暖和。

如何饲育独角仙

在昆虫界，独角仙算得上是既好看又好养的昆虫了。尤其是成虫强而有力的振翅，竟能推动其坚硬而笨重的装甲飞上天空，这自然是饲育独角仙的最大享受。

饲育独角仙也非常简单，准备好大小适合的宠物箱，将一对独角仙放入具有腐叶有机质的腐植土，再放入一根朽木，以便使独角仙栖息交配，通常喂食水果即可，用不了多长时间独角仙幼虫就会诞生了。幼虫以土中的有机质为生，随着龄期的增加，幼虫的食量会越来越大，成龄幼虫差不多和成人的拇指一样粗。

金龟子为什么会唱歌

金龟子之所以会唱歌，是因为它的发音部位在腹部末端。小虫的腹部一伸一缩，腹部的最后一节跟鞘翅的后翼相互磨擦，就产生了声音。如果你听到金龟子在唱歌，则表明它正处于痛苦之中；如果保持沉默，正是在偷偷欢乐呢。

小博士趣闻

金龟子到底有多少种类

金龟子属无脊椎动物，昆虫纲，鞘翅目，是一种杂食性害虫。除为害梨、桃、李、葡萄、苹果、柑橘等外，还为害柳、桑、樟、女贞等林木。常见的有铜绿金龟子、朝鲜黑金龟子、茶色金龟子、暗黑金龟子等。

金龟子是如何逃生的

金龟子一般都附在树叶或庄稼的叶片上，由于趋光性，到了晚上，便在灯光下乱飞。特别是在夏季的黄昏，金龟子的活动更为频繁。有的从杂草丛中、土缝里钻出来乱舞，趁此黄昏，不少的雌、雄成虫便会交配产卵。最为有趣的是，当它们受到惊吓时就会装死，危险解除后，它们就会"奇迹般"地迅速苏醒过来，趁其不备，逃之夭夭。

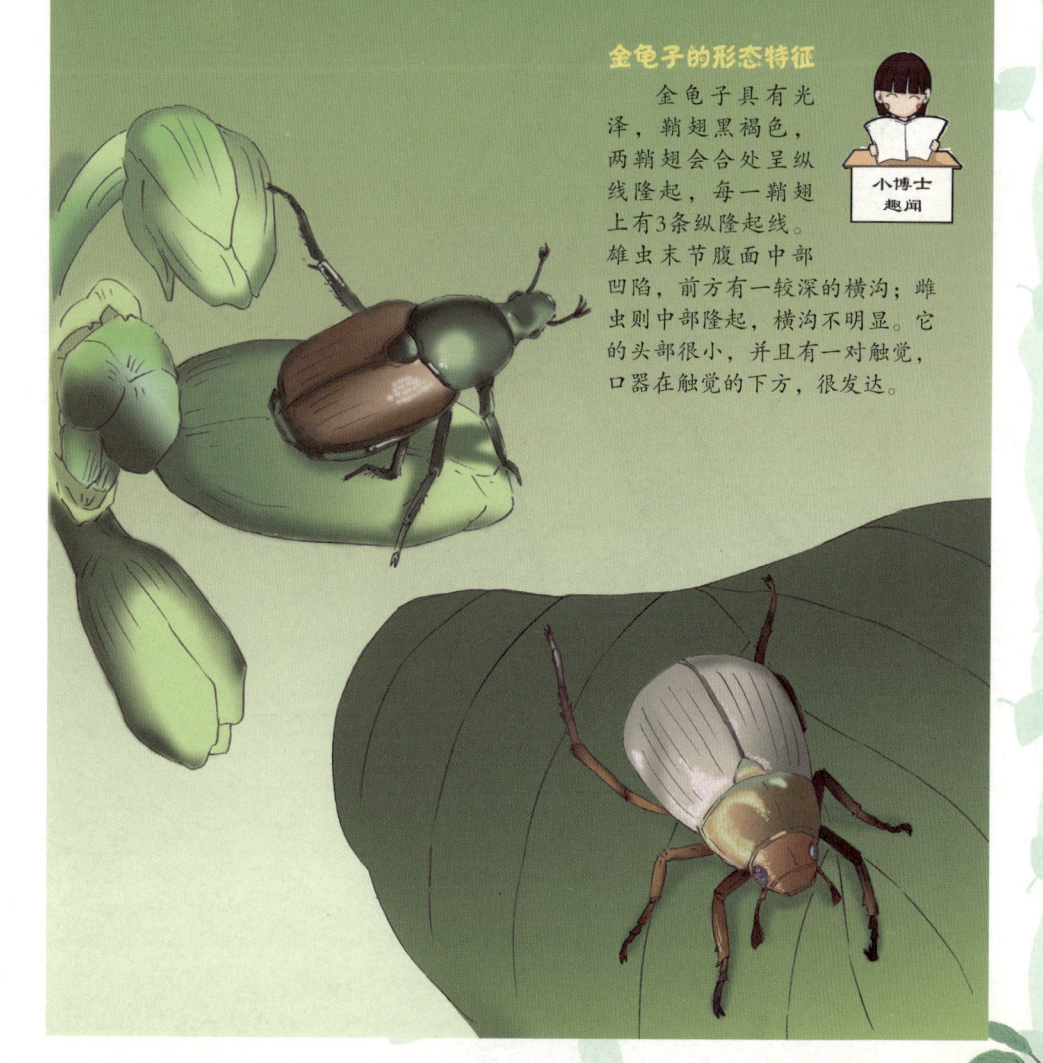

金龟子的形态特征

金龟子具有光泽，鞘翅黑褐色，两鞘翅会合处呈纵线隆起，每一鞘翅上有3条纵隆起线。雄虫末节腹面中部凹陷，前方有一较深的横沟；雌虫则中部隆起，横沟不明显。它的头部很小，并且有一对触觉，口器在触觉的下方，很发达。

为什么锹甲喜欢搏斗

锹甲虫由于雄性头部长有两只大角而得名。实际上，这不是角，而是突出成角状的颚（长达2厘米）。雄性锹甲虫用它们来防范敌人，捍卫自己的领地。傍晚时分，锹甲虫会站在石头或是圆木上，摆出一副吓人的姿势。如果这样做还不能吓退入侵者，双方就会厮打起来。厮打中它们会试图抓住对方的腹部以将其举起，胜利者会把对手摔到地上。如果失败者仰天摔倒的话，就只好无奈地任凭蚂蚁摆布了。雌性锹甲虫的颚要小得多，但它会狠狠地咬住比它大的敌人。

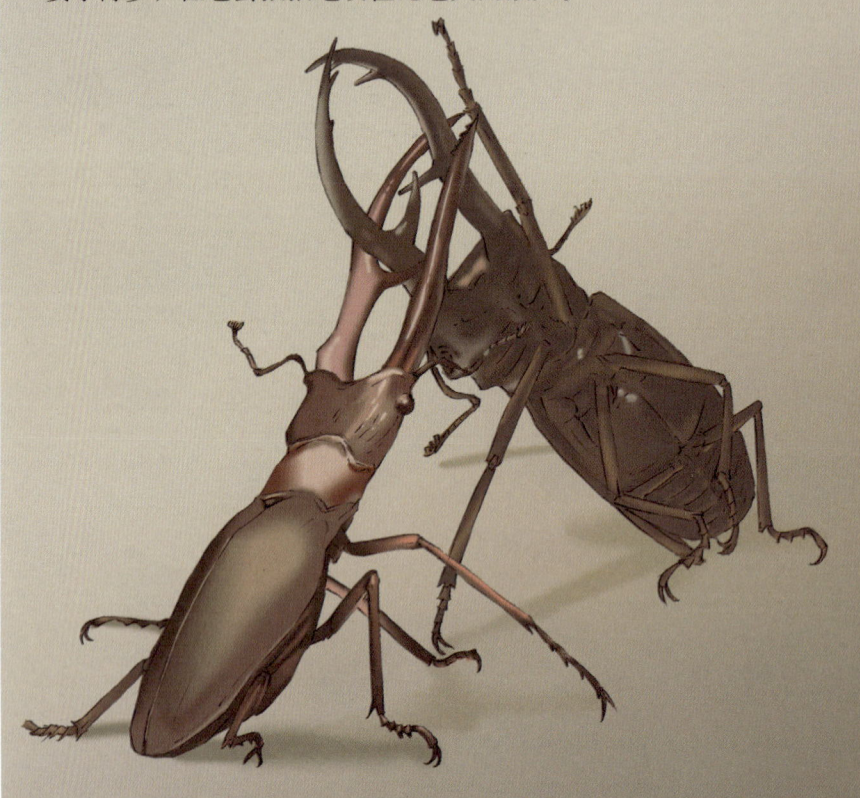

锹甲的形态特征

小博士趣闻

锹甲属昆虫纲鞘翅目，体多为黑色或褐色的大形甲虫，有光泽，体壁坚硬，头大而强。触角膝状，11节，末端3节呈叶状。雄虫上颚特别发达，而突出成鹿角状。跗节5节，以第5节最长。幼虫蛴螬形，但体节背面无皱纹，肛门3裂状。一般生活在朽木或腐植质中。

揭秘自然界的昆虫王国

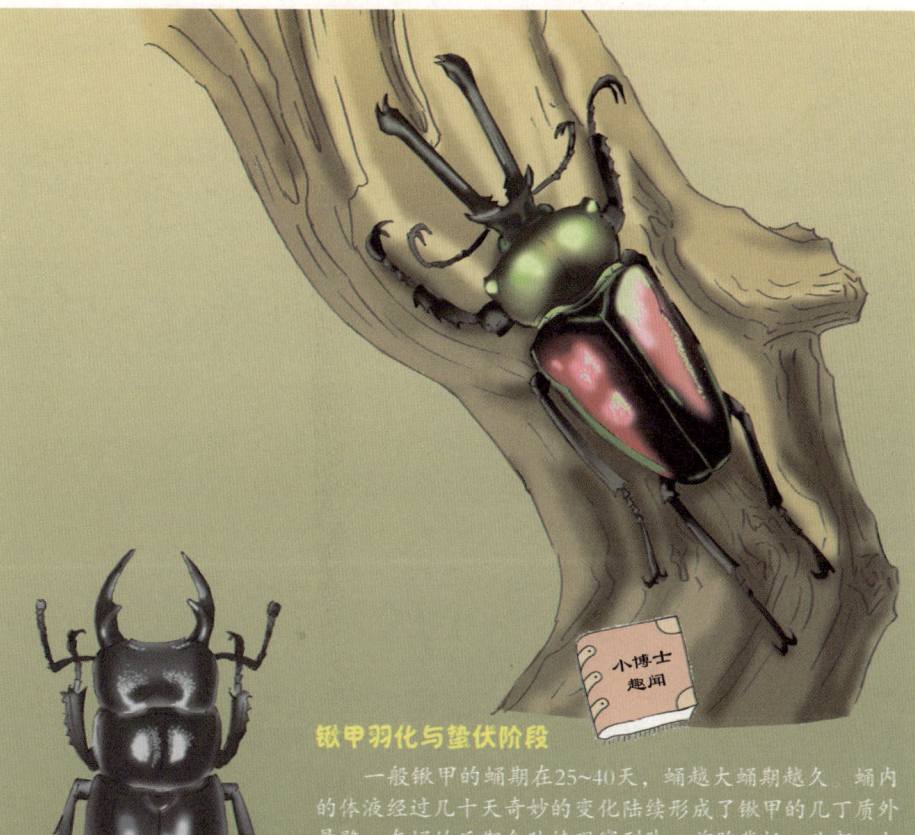

锹甲羽化与蛰伏阶段

一般锹甲的蛹期在25~40天，蛹越大蛹期越久。蛹内的体液经过几十天奇妙的变化陆续形成了锹甲的几丁质外骨骼，在蛹的后期会陆续观察到脚、前胸背板、头部、大颚在蛹皮下陆续形成。破蛹而出的一刹那，通常是脚先开始活动，接着自己翻过身，蛹皮由前胸背板处裂开向身后退去，等到蛹皮蜕尽，体液灌入发皱的鞘翅，接着头部抬起，体液灌入内翅翅脉，将内翅伸展开，随后内翅收进鞘翅内，鞘翅颜色渐渐变深。刚羽化的新虫通常会有一段蛰伏期，大约在20天到半年不等。在蛰伏期间应该减少打扰，蛰伏期间给予微湿的木屑或是卫生纸让虫子躲藏休息。蛰伏期过后会发现容器顶部或是卫生纸上有虫子的排泄物，并且虫子活动力增强。

为什么锹甲被做成新潮宠物

锹甲是一种好斗的昆虫。成虫食叶、食液、食蜜，幼虫腐食，栖食于树桩及其根部。成虫多夜出活动，有趋光性，也有白天活动的种类。全世界范围内种类多达近800种，我国约记有150种。由于其体大、形状奇特而为大众喜爱和收藏，并作为宠物饲养。

为什么天牛又被称为"锯树郎"

天牛也叫做"锯树郎",是果园树木的主要害虫之一,我们常见的有星天牛、桑天牛等。星天牛全身漆黑,并且有光泽,鞘翅上有白色斑约20个,身体呈长椭圆形,触角比身体长,有咀嚼式口器。前翅角质无翅脉,有保护作用;后翅较大、膜质,用于飞翔。桑天牛为黑色,全身和鞘翅密被黄褐色短毛。鞘翅基部密生黑色发光的颗粒状突起,触角鞭状。天牛的幼虫为黄色,扁长圆筒形,胸足退化,无腹足。天牛的幼虫生活在树干里,将树干蛀空,使树木容易折断,所以人们叫它"锯树郎"。

揭秘自然界的昆虫王国

天牛如何得名

大型的天牛种类，身体呈长圆筒形，背部略扁，触角特别长，尤其是比较常见的几种，如星天牛、桑天牛、云斑天牛等，它们壮硕的躯体和突出的两角，使人联想到牛的形象。其实天牛的体形大小也颇有变异，有的触角较短，有的体形呈卵圆形或其他形状，有的则摹拟其他昆虫的形象，如短翅天牛和虎天牛很像蜂类。天牛又以色彩美丽著称，但很多种类或多或少呈棕褐色，或以花斑排列，和树干的颜色相像，而具有隐匿色或保护色的作用。天牛因其力大如牛，善于在天空中飞翔，故得名天牛。

天牛的产卵方式

产卵方式主要有两种：一种是雌虫在产前先用上颚咬破树皮（特别是沟胫天牛），然后插入产卵管，每孔产卵一粒，也有产多粒的。这样形成的产卵孔，其形状大小在各种类间常有不同，有的很显著，在防治上可作搜灭虫卵的指示。另一种产卵方式不先咬孔，而是直接用产卵管在树皮缝隙内产卵。在少数情况下，也有产在枝干光滑部分的。

跳蚤的外壳

跳蚤的外壳对生命最具有保护能力了，可以承受比体重大90倍的重量。

小博士趣闻

跳蚤为什么会有惊人的跳跃本领

　　跳蚤的身长只有0.5毫米～3毫米，可是弹跳的高度却可以达到350毫米，也就是说，它们可以跳到超过自己身长100多倍的高度。据观察发现，更令人惊奇的是跳蚤每4秒钟跳一次，可以连续不断地跳70多个小时。那么，它们为什么有如此惊人的跳跃本领呢？原来，这都归功于它们发达、强健的后足。跳蚤后足的长度比它的整个身子还长，肌肉非常发达，其中还含有一种专管跳跃的蛋白质，这种蛋白质可以促使跳蚤后陇上的肌肉强有力地收缩。当跳蚤跳跃前，后足紧绷，蛋白质收紧，当其在跳跃时便释放出巨大的爆发力，将其弹射出去。此外，跳蚤的前足和中足也可以后蹲，用来协调整个身子的灵活性，这就更增强了它的跳跃能力。

为什么"臭大姐"会放臭屁

臭大姐学名椿象,也叫蝽象、椿虫,俗名放屁虫。臭大姐在什么情况下会放出难闻的臭屁呢?当然是受到惊吓或是受到外敌的攻击时。通常人们只知道,屁一般从肛门发出,可是臭大姐的臭屁可不是从肛门发出来的。其实,在它们身上,有一种特殊的臭腺,这种臭腺的开口位于胸部。当遇到情况时,它们体内的臭腺就会分泌出一种挥发性很强的臭虫酸。这种臭虫酸在空气中传播速度很快,且臭味刺鼻。往往入侵的敌人闻到这种臭味便会停止进攻,扭头就跑,这样,臭大姐便可安然无恙了。

椿象是如何吸取汁液的

椿象吃东西时，都是使用如吸管般尖尖的刺吸式口器，穿透植物表皮而吸取汁液。它们的形态差别很大，但都有类似的口器构造，由卵孵化为若虫之后，便有着与父母相似的外观，只是个子比较小，没有长翅罢了。之后慢慢长大变为成虫，并不需要经过蛹的阶段，成熟阶段基本上与若虫一样，有同样的口器构造，并吃同样的食物，属于不完全变态。

桂花蝉属于蝉类吗

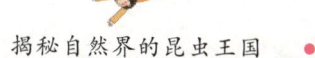

桂花蝉中文名大田鳖,因体上生有香腺可释放香味,加之外形有点像知了,故俗称桂花蝉。桂花蝉虽然形似蝉,但并不属于蝉类,通常多生活在溪涧、稻田、池塘里,常附着在水草上静伺猎物,用存颚小孔吮吸小鱼、小虾、蝌蚪、螺蛳等的血液为生,捕食凶猛。

为什么叩头虫会"叩头"

叩头虫的前胸腹面有一个突起,正好挺入到中胸腹面的一个槽里,这两个东西镶嵌起来,就形成了一个灵活的机关。当它发达的胸肌收缩时,前胸准确而有力地向中胸收拢,不偏不倚地撞击在地面上,使身体向空中弹跃起来,一个向后翻身再落下来。叩头虫在仰面朝天时,它会把头向后仰,前胸和中胸折成一个角度,然后猛地一缩,"扑"的一声打向地面,它便弹了起来,并在空中来个翻转,再落回地面时,脚朝下后便停在那里了。

叩头虫之所以要叩头,只不过是在摔倒后翻身逃走的一个动作,是保护自己免遭敌害的本能反应。

叩头原理

叩头虫其前胸背板与鞘翅基部有一条横缝(下凹),前胸腹板有一个向后伸的楔形突,正好插入中间胸腹板的凹沟内,这样就组成了弹跃的构造。

为什么虎甲会成为受欢迎的昆虫宠物

　　虎甲体呈金绿色、赤铜色或灰色，并带有黄色的斑纹。头宽大，复眼突出。有三对细长的胸足，行动敏捷而灵活。虎甲也是肉食性，常在山区道路或沙地上活动，能低飞捕食小虫。有时静息路面，当人们步行在路上时，虎甲总是在行人前面三五米处，头朝行人。当行人向它走近时，它又低飞后退，仍头朝行人，好像在跟人们闹着玩。因它总是挡在行人前面，故有"拦路虎"之称。世界已知约2000种，我国有100余种，常见的有中华虎甲等。

大王虎甲为什么称为"非洲地面暴君"

大王虎甲是全球最大的食肉甲虫，被称为"非洲地面暴君"，以巨型、食肉而闻名。其名字的第一个拉丁文单词，来自一种人头狮身蝎尾怪物的名字（Manticore），巴特洛迈乌斯·安戈里克斯在他的著作《物之属性》中曾这样描述它："它的喉咙上伸出巨大的牙齿……尾巴好似蝎子一般。它会用甜美的歌声把你引诱，抓住你然后将你吞噬。"许多希腊和罗马的科学家，如亚里士多德和普林尼等也都对这种怪物做过相同的描述。在古代它被认为是来自地心的魔兽。

小博士趣闻

雄性的大王虎甲

大王虎甲是性情凶猛的肉食性昆虫。雄性的大王虎甲可以用其大颚杀死老鼠和蜥蜴，雄大王虎甲具有一双不对称的大颚，右边的齿总是比左边的大很多。

揭秘自然界的昆虫王国

象鼻虫真的是用鼻子来嚼食物吗

象鼻虫是一种外观非常漂亮的昆虫，长长的红鼻子上布满了白色的小斑点，绿色的翅膀上叶脉清晰可见，散落着几排黄色的圆点，乍一看就像夏秋相交时的一片叶子，漂亮极了，看着它长长的鼻子，不由得让人想起大象的长鼻子。因为它们的口吻很长，所以这类昆虫被人们称为象鼻虫。不过可别把长型的口吻当成象鼻虫的鼻子，生于末端的并不是鼻子，而是它们用以嚼食食物的口器。当然除了口吻长外，拐角着生于吻基部也是此虫的特色之一。

象鼻虫的后代

小博士趣闻

象鼻虫吃棉花棵的芽和棉桃，并在棉花上产卵。孵化出来的幼虫是浅黄色的，也以棉花棵上的嫩芽和棉桃为食。象鼻虫的寿命只有三个星期。幼虫对棉花的危害更大，但成虫短短的生命却能产下4代甚至更多的后代。在秋天，象鼻虫开始冬眠，直到春天来临。

长颈象鼻虫的长颈有什么作用

长颈象鼻虫长着长长的颈部，而身体相比之下却很小，然而细长的颈部并不是帮助获得食物，而是用来与同性进行争斗，赢得雌性的芳心。雄性颈部的长度通常是雌性的2～3倍，也用于构建巢穴。多数的象鼻虫身体上覆盖着红色翅膀的外壳，尽管它们看上去较为凶猛，却不会危及人类。它们怪异的外表看起来就像是一种来自外星的生物。不过这确确实实是一种昆虫，它们是马达加斯加岛的"原住民"，学名叫做长颈象鼻虫。

象鼻虫

象鼻虫，是鞘翅目中种类最多的一种，更是昆虫种类中最多的一群，全世界已知种类达6万多种，生长过程属于完全变态。此种昆虫的口吻很长，有如动物园里大象的鼻子一般，但千万不要把它当成鼻子，它可是象鼻虫们用来觅食的口器。

为什么说竹象鼻虫是竹类的主要危害

竹象鼻虫属鞘翅目象鼻虫科，分布于竹产区，是竹类的主要害虫。以幼虫蛀食竹笋，使笋枯死，还会蛀食1米多高的嫩竹，使其生长不良，节间缩短，拦腰折断，造成顶端小枝丛生以及嫩竹纵裂成沟等畸形现象，结果使嫩竹腐败。竹象鼻虫有竹大象甲、一字竹象甲和小竹象甲三种。

棕榈象鼻虫是益虫吗

棕榈象鼻虫不仅破坏棕榈树，同时还是西半球线虫的携带者，这种虫会导致红环病。以前曾靠大量施用杀虫剂来进行防治。

为什么吉丁虫被誉为"彩虹的眼睛"

宝石甲壳虫是吉丁虫的俗称。吉丁虫是一群极其美丽的甲虫，一般体表具有多种色彩的金属光泽，常被用来做装饰品。吉丁虫大多色彩绚丽异常，似娇艳迷人的淑女，也被人喻为"彩虹的眼睛"。对于昆虫收藏家和宝石工匠们来说，这种闪烁着彩虹光芒的昆虫是他们的最爱。将来，宝石甲壳虫也必将会受到汽车制造商和铸币工人的青睐。

吉丁虫趣闻

虽然成年吉丁虫美丽异常，其幼虫却奇丑无比，多数幼虫穿孔于植物茎秆部，前胸膨大，腹部细长，真所谓"虫大十八变"。而且幼虫孵化后在茎秆皮下以螺旋式向上蛀食，粪便不排出，呈毫不起眼的褐色。据说日本人尤其喜爱吉丁虫，认为它们艳丽的鞘翅能驱赶居室害虫，因而常把鞘翅镶嵌在家具上，既有驱虫之效，又具装饰之美。

揭秘自然界的昆虫王国

小博士趣闻

虎天牛的形态特征

虎天牛成虫体长16毫米~28毫米，形似胡蜂。蟹螯短，约为体长的一半。前胸略呈球形，背板分成黄色、赤褐色和黑色3段。雌虫前胸背板前缘灰黄或褐色。幼虫圆筒形，淡黄色，头小，隐于第1胸节内。腹部各节背、腹面均有黄褐色移动器。

虎天牛为什么像胡蜂

虎天牛的样子与我们熟悉的天牛毫不相干，不论大小、形状、色彩还是其他方面，它都像胡蜂，这是为什么呢？

胡蜂有一种叫人害怕的武器，就是尖利的毒针，如果谁被毒针刺到的话，不但极其痛苦，而且有性命之忧。因此，不仅是各种动物，就连人类对它也是怯而远之。而虎天牛就不同了，它在自然界中并不是厉害角色。为了自身安全，虎天牛不惜委身于胡蜂，拉大旗作虎皮，当它披着类似胡蜂的外衣在天空中飞翔时，却能吓退其他动物。

蝎子是如何捕杀猎物的

蝎子为食肉性动物，主要取食蜘蛛、蟋蟀、小蜈蚣等昆虫的幼虫和若虫。它靠触肢上的听毛或跗节毛和缝感觉器发现猎物的位置。捕获到食物时，便用触肢夹住捕获物，举起蝎尾，用毒针螫刺。毒腺外面的肌肉收缩，毒液即自毒针的开孔流出。大多数蝎子的毒素足以杀死昆虫，但对人无致命的危险，只会引起灼烧样的剧烈疼痛。蝎子用螯肢把食物撕开，先吸食猎物的体液，再吐出消化液，将其组织于体外消化后再吸入。

为什么野生蝎子越来越少

《本草纲目》记载，蝎子有医疗功效。因为蝎子用途大，价高利昂，遭到了人们无计划的滥捕。

揭秘自然界的昆虫王国

为什么要保护好蝎子的毒刺

蝎子的毒刺是一种自卫武器，但蝎子不会主动蜇人，只有在受到侵犯时才会用毒刺自卫。蝎子被除掉毒刺后，永远不会重新长出，也无法排出毒液，也就丧失了攻击能力，因此，我们要注意保护蝎子的毒刺。蝎子失去毒刺后，其饮食能力和食量并没有改变，只是捕食对象有所改变，仅能捕食如黄粉虫等爬行缓慢的小昆虫，它在自然界的生存能力和有毒刺的蝎子大致相同，寿命在1～2年，但其繁殖能力有所减低。

小博士趣闻

蝎子是一种古老的原始物种

地球经过7000万年的不断演变，大多数物种改变了原来的形态，由冷血动物进化为耐寒的能调节体温的热血动物（鸟类、哺乳类及人类）。当然，每次大规模物种进化后，总会有一些物种保留原状，像鱼类进化为两栖类后，鱼类还延续生存，爬行类中也有极少数，如蝎子至今仍然保持了7000万年前恐龙的原始形态。

为什么屎壳郎会沿着直线运动

蜣螂，又名屎壳郎。据科学家研究表明，蜣螂白天会测定太阳偏振光的对称图案，从而为自己导向一条直线路径。但是，在夜间蜣螂是如何利用视觉功能的呢？其实，在没有月光的夜晚，蜣螂也会沿着直线路径快速滚动粪球。它们是利用星光来导向的。

屎壳郎的名字

屎壳郎中药名蜣螂虫。明代李时珍著《本草纲目》中记载屎壳郎还有推丸、推车客、黑牛儿、铁甲将军、夜游将军等好听的名字。李时珍说，屎壳郎虫能"转丸、弄丸，俗呼推车客"。而且它们"深目高鼻，状如羌胡，背负黑甲，状如武士，故有蜣螂、将军之称"。

揭秘自然界的昆虫王国

屎壳郎是如何孕育后代的

屎壳郎通常以污物或垃圾为食。找到粪便后，它们将粪便做成粪球，然后将粪球滚到预定的地点，接着在粪球上挖洞，并将卵产在里面，最后把球推到洞里并用土埋藏起来。一对正在繁殖的蜣螂会把一个粪球藏起来，这时雌蜣螂会用土将粪球做成梨状，并将自己的卵产在梨状球的颈部。幼虫孵出后，它们就以粪球为食。等到粪球被吃光，它们已经长大为成年蜣螂，破土而出了。

小博士趣闻

非洲"圣甲虫"

这种黑乎乎的丑小虫——屎壳郎在非洲，被冠以"圣甲虫"之称。这是因为圣甲虫具有一种坚持、无畏、勇敢和勤劳的精神。

为什么泰坦甲虫被称为世界上最大的甲虫

泰坦甲虫的成虫身体长达16.7厘米左右,如果包括其触角长度的话,则长达约21厘米。可以说,泰坦甲虫是目前所知的生活于南美亚马逊雨林中最大的一种甲虫,同时也是世界上最大的昆虫种类之一,目前生活在哥伦比亚、秘鲁、圭亚那、厄瓜多尔和巴西中北部的热带雨林中。在这些地方用水银灯就可以轻易地捕捉到它们,雄性的泰坦甲虫通常被这种灯光吸引而来。

泰坦甲虫是如何自卫的

据说泰坦甲虫的下颚可以咬断一根铅笔,或是切入人类的皮肤。成年的泰坦甲虫从不进食,它们只是到处飞来飞去寻找配偶,并且很容易被黑暗里的强光吸引。泰坦甲虫的幼虫从未被发现过,但科学家认为,幼虫应该居住在木头当中,数年后才完全长大,之后化蛹变为成虫。泰坦甲虫拥有坚硬的外骨骼和强有力的下颚,在遇到险境时,则通过发出"嘶嘶"的声音来吓退敌人。

揭秘自然界的昆虫王国

为什么蚕宝宝爱吃桑叶

　　桑叶里含有能够吸引蚕的引诱物质，激发蚕宝宝咀嚼行为的味觉物质，帮助蚕宝宝吞咽桑叶的吞咽物质，当以上三种物质和各种营养都具备时，蚕吃后才能繁衍后代。桑叶的营养价值是很高的，仅从蚕吃桑叶能吐出如此多的蛋白质纤维这一点，我们就能想象桑叶营养价值之高。其实，桑叶所含的营养元素比一般的植物叶片都要多。

小博士趣闻

蚕的生活史

　　蚕蛾产卵——孵卵——变蛹——化蛾，即完成新一代的循环。这就是蚕的生活史。

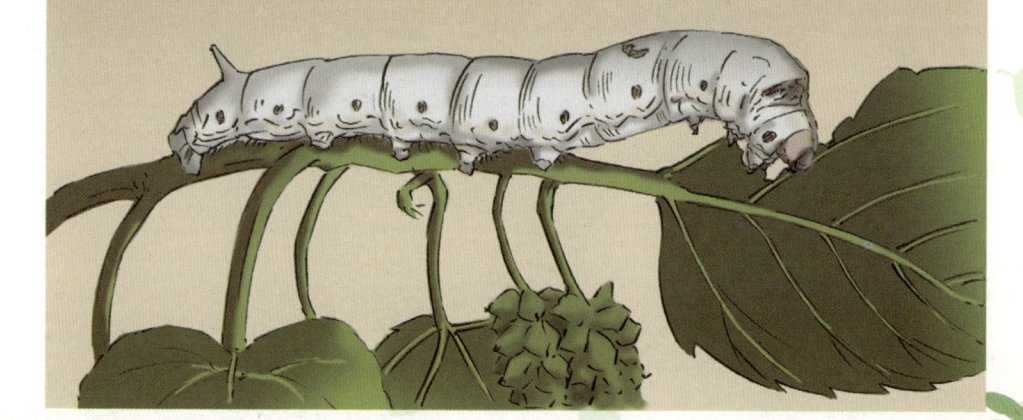

153

蚕宝宝的生长过程

蚕宝宝卵比米粒还小,蚕宝宝从壳里出来前,壳是黑色的。如果把蚕卵放在温室里,四周都蒙上布,经过一天多时间,蚕宝宝就从壳里孵出来了。等蚕宝宝咬破壳从里面出来,那些黑色的蚕壳就变成白色的了。一段时间后它便开始蜕皮。蜕皮大约需要一天的时间,如睡眠般不吃也不动,这叫"休眠"。经过一次蜕皮后,就是二龄幼虫。幼虫蜕一次皮就算增加一岁,共要蜕皮四次,成为五龄幼虫才开始吐丝结茧。五龄幼虫需两天两夜的时间才能结成一个茧,做茧的丝竟然可以抽到长达1.5千米。幼虫在茧中进行最后一次蜕皮,成为蛹。约十天后,羽化成为蚕蛾,破茧而出。出茧后,雌蛾尾部发出一种气味引诱雄蛾来交尾,交尾后雄蛾即死亡,雌蛾约花一个晚上可产下约500个卵,然后也会慢慢死去。

• 揭秘自然界的昆虫王国

池塘中的溜冰者

小型水生昆虫水黾被喻为"池塘中的溜冰者",因为它不仅能在水面上滑行,而且还会像溜冰运动员一样能在水面上优雅地跳跃和玩耍。它的高明之处是,既不会划破水面,也不会浸湿自己的腿。水黾不但对人类无害,反而能捕杀害虫或成为鱼类的食饵。

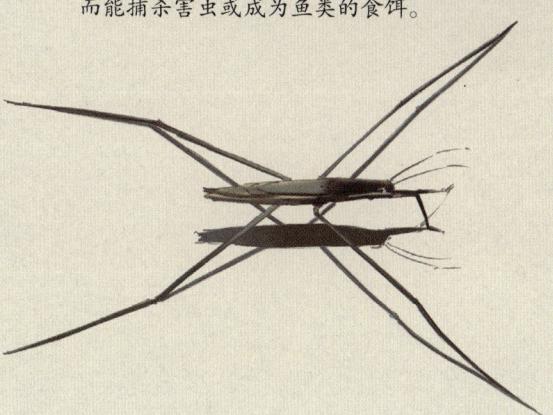

为什么水黾能在水面上滑行

有时当你站在池塘边,仔细地观察水边,即可看到水面上有一种很奇怪的小昆虫——水黾。它们能够在水面上轻盈地摆动舞姿,在水面通畅地滑行着,被喻为"池塘中的溜冰者"。它们为什么能在水面上轻盈地滑行呢?其实,一只中型水黾约重35毫克,比重比水还要小,自然就不会沉到水下去。而且,水黾的足上生长着一排排不沾水的毛,这样,与足接触的那部分水面会下陷,使它的足不会冲破水面张力。它用前足捕食,中足划水,后足在水面上滑行。

155

为什么鼻涕虫爬行后会留下痕迹

鼻涕虫为陆生。体柔软，形状似去壳的蜗牛，外形呈不规则的圆柱形。壳退化为一石灰质的薄板，位于身体前端背部，被外套膜包裹而成内壳。有尾嵴。体呈灰色、黄褐色或橙色，具有不明显的暗带和斑点。触角两对。眼位于后触角的顶端。雌、雄生殖孔为一共同孔，位于身体右侧、前右触角的后下方。肺孔开口在外套膜的后缘。身体经常分泌黏液，爬行后留下银白色的痕迹。生活于阴暗、潮湿处，白昼潜伏，夜晚和雨天外出活动。

鼻涕虫为什么会"化成水"

如果往鼻涕虫身上撒盐，它会"融化"成像水一样的东西和一层皮。这是由于它体内的含水量很高，造成体内盐度很低，水分从低浓度到高浓度转移。因此，它就越来越小了，给人的错觉是化成水了。

揭秘自然界的昆虫王国

为什么说草蛉是"灭虫能手"

草蛉种类虽多，但在中国常见的和目前已开展试验做生物防治的只有下列十种，即大草蛉、丽草蛉、叶色草蛉、多斑草蛉、粘蛉草蛉、黄褐草蛉、亚非草蛉、白线草蛉、普通草蛉和中华草蛉。那么，这些草蛉都能捕食、消灭哪些害虫呢？据初步统计有粉虱、红蜘蛛、棉蚜、菜蚜、烟蚜、麦蚜、豆蚜、桃蚜、苹果蚜、红花蚜等多种蚜虫，另外它们还喜欢吃很多种害虫的卵，象棉铃虫、地老虎、银纹夜蛾、甘兰组蛾、麦蛾和小造桥虫等的卵，所以，被人们称为"灭虫能手"。

草蛉的四种不同形态

草蛉是全变态昆虫，一生中有卵、幼虫、蛹和成虫四种不同的形态，在卵期和蛹期的草蛉不能取食，捕食主要是在幼虫和成虫时期，其中尤以幼虫期捕食量大，是消灭害虫的主要时期。草蛉幼虫长得丑陋，捕食凶猛，人们把幼虫期的草蛉又叫做蚜狮。

小博士趣闻

157

为什么气步甲又被称为"炮虫"

气步甲捕食粘虫幼虫、稻螟蛉幼虫、叶蝉等。遇见敌害时尾部发出爆响，喷射出具有恶臭的高温液体"炮弹"，同时产生黄色的烟雾和毒气，以迷惑、刺激和惊吓敌害。它体内有两种腺体：一种生产对苯二酚，另一种生产过氧化氢。平时它们分别贮存在两个地方，一旦遭到侵犯，气步甲就猛烈收缩肌肉，当这两种物质相遇后，在酶的催化作用下，瞬间就成为100℃的毒液，并迅速射出。其射程高达体长300倍以上，不仅能连发，而且几乎百发百中，故又称"炮虫"。当其体内的过氧化氢经酶的作用，骤然产生大量黄色有毒的对苯醌，砰然射出，即使是比它大很多倍且全身盔甲武装的犰狳，也只能落荒而逃。

为什么拉步甲被称为"昆虫中的猎豹"

拉步甲常栖息于砖石、落叶下或较浅土层，昼伏夜出，多捕食鳞翅目、双翅目昆虫及蜗牛、蛞蝓等小型软体动物。从名字上不难看出，这是一类非常善走的甲虫。它们无论成虫还是幼虫，皆活动敏捷，尤其是成虫，可谓昆虫中的竞走健将。它们是凶猛的肉食性昆虫，被誉为"昆虫中的猎豹"，对于在地上活动的昆虫，以及软体动物，它们是比螳螂更可怕的猎手。白天拉步甲一般躲藏在石块下，枯叶腐木中，一到黄昏就开始四处狩猎。

拉步甲的四种不同形态

拉步甲属完全变态类昆虫，一生经历卵、幼虫、蛹、成虫四个阶段。生活史比较长，在北方一般一年一代或一年两代，以成虫或幼虫在土层中过冬。卵多产于土中，幼虫一般2龄，以老熟幼虫在土室中化蛹。它们最喜欢的食物，是肥嫩的蛾类、蝇类幼虫和蚯蚓、蛞蝓、蜗牛之类体表柔软的小动物。为了吃到蜗牛壳中的肉，一些拉步甲的头和胸部变得狭长，可以直接伸入蜗牛壳中。

蚕豆象危害特点

蚕豆象成虫啃食豆叶、豆荚、花瓣及花粉,幼虫专害新鲜蚕豆豆粒。被害豆粒内部蛀成空洞,并引起霉菌侵入,使豆粒发黑而有苦味,不能食用;如伤及胚部,则影响发芽率,质量大大降低。幼虫随豆粒收获入仓,继续在豆粒内取食为害,造成严重损失。在许多国家和地区,对蚕豆造成的大量损失达20%~30%。

为什么蚕豆象有着惊人的产卵技术

蚕豆象一年发生一代,以成虫在豆粒内、仓库内角落、包装物缝隙以及在田间、晒场、作物遗株内、杂草或砖石下越冬。越冬成虫于翌年3月下旬开始活动,飞到田间取食豆叶、花瓣、花粉,随后交配产卵。卵散产于蚕豆幼荚上,每雌虫一生产卵35~40粒,最多达96粒。4月中旬起孵化后即侵入豆荚蛀入豆粒中,被贮豆粒表面留有一个小黑点。每豆一般有虫1~6个。蚕豆收获后,幼虫在粒内被带到仓内继续为害。成长幼虫约于7月上旬在豆粒内化蛹,7月中旬羽化为成虫,即进入越夏、越冬阶段。成虫飞翔能力强,有假死习性。

为什么茎蜂爱吃植物的茎

茎蜂以老熟幼虫在茎基部或根茬中结薄茧越冬。翌年4月化蛹，5月中旬羽化，5月下旬进入羽化期持续20多天，羽化后雌蜂把卵产在较薄茎壁里，产卵量50~60粒，最多72粒，产卵部位多在茎壁下1~3节的幼嫩的茎节附近，产卵时用产卵器把茎壁锯一小孔，把卵散产在茎的内壁上。卵期6~7天，幼虫孵化后取食茎壁内部，3龄后进入暴食期，常把茎节咬穿或整个茎壁被食空，逐渐向下蛀食到茎基部，茎壁变白，幼虫老熟后在根茬中结透明薄茧越冬。

蚜虫与蚂蚁为什么保持着共生关系

蚜虫是一种危害农作物的害虫，有趣的是它们却受到蚂蚁的喜欢。当蚜虫受到瓢虫等天敌的袭击时，蚂蚁即会挺身而出把它们赶跑；如果蚜虫被大风吹到地上时，蚂蚁还会把蚜虫轻轻叼起来，再放到植物的茎叶上；有时候蚂蚁会把蚜虫带回巢穴中，养上一段时间再把它们送回植物上去。蚂蚁为什么要如此热心地保护蚜虫呢？原来，蚜虫吸食作物的汁液除了滋养自己，还从肛门排出一种透明、粘稠含有大量糖分的物质——蜜露，这种蜜露是蚂蚁的佳肴，蚂蚁为了吃蜜露，所以要保护蚜虫。

蚂蚁为什么要为蚜虫实施按摩术

蚂蚁不仅懂得保护蚜虫，还懂得用触角不断按摩蚜虫，促使蚜虫多分泌蜜露，然后将蜜露运回巢穴中去贮存起来，以供享用。有趣的是，蚜虫在蚂蚁的按摩下竟能增加蜜露的分泌。这种互利的现象在生物学上称为"共生现象"。令人奇怪的是，蚂蚁还会不惜力气来修建"牧场"，来守护蚜虫，就像人类为了喝牛奶饲养奶牛一样。

蚜虫的生存环境是怎样的

蚜虫的繁殖力很强,一年能繁殖10~30个世代,世代重叠现象突出。当5天的平均气温稳定上升到12℃以上时,便开始繁殖。雌性蚜虫一生下来就能够生育。在气温较低的早春和晚秋,完成一个世代需10天,在夏季温暖条件下,只需4~5天。它以卵在花椒树、石榴树等枝条上越冬,也可在地内以成虫越冬。气温为16℃~22℃时最适宜蚜虫繁育,干旱或植株密度过大有利于蚜虫为害。

小博士趣闻

蚜虫能够进行光合作用

2012年8月,英国《科学报道》登载的一份报告说,法国研究人员发现蚜虫或许也能从光线中获取能量,这是首次有证据显示昆虫体内可能也存在光合作用。蚜虫能够合成名为类胡萝卜素的色素。阿兰·罗比臣(法国索菲亚科技园的昆虫学者)和同事通过研究认为,蚜虫中的这些色素能够从太阳中吸收能量并且把它传递到进行能量制造的细胞结构中。

龙虱在水下是如何呼吸的

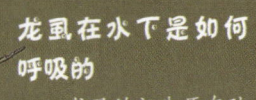

龙虱的祖先原在陆地生活，后来由于地壳的变动而演变为水生，所以它还保留着祖辈呼吸空气的特征。在龙虱鞘翅下面有一个贮气囊，这个贮气囊有着"物理鳃"的功能，当龙虱在水中上下游动时它还起着定位作用。龙虱停在水面时，前翅轻轻抖动，把体内带有二氧化碳的废气排出，然后利用气囊的收缩压力，从空气中吸收新鲜空气。空气中氧的含量比水中多很多倍，因此水生昆虫在长期的进化演变过程中，学会了各种吸取空气的办法。龙虱依靠贮存的新鲜空气，潜入水中生活。当气囊中氧气用完时，再游出水面，重新排出废气，吸进新鲜空气。

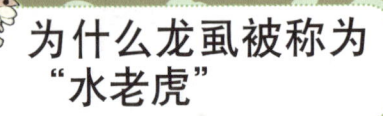

为什么龙虱被称为"水老虎"

龙虱与那些在地面跑来跑去猎食的步甲科甲虫有着颇为密切的关系，但它们非常适应水中生活。它们的身体是流线型的，十分平滑，便于迅速游泳；它们后足的后半段有一丛长长的毛，可以用作划水的桨。这些龙虱的幼虫，俗称"水虎"。因为它们有尖锐的长颚，追逐猎物甚为凶猛，猎食对象包括昆虫、蝌蚪，甚至连体积比自己大几倍的鱼类、蛙类也敢攻击。猎物一但被咬伤，附近的龙虱闻到血腥味就会一拥而上，然后把它们的空心长颚穿刺到猎物体中，注射一些消化液进去，把猎物内部的东西消化成液体状态，再用长颚进行吸食。